守护多彩家园

COP15生物多样性主题征文集

联合国《生物多样性公约》缔约方大会第15次会议筹备工作执行委员会　编

中国环境出版集团·北京

图书在版编目（CIP）数据

守护多彩家园：COP15生物多样性主题征文集 / 联合国《生物多样性公约》缔约方大会第15次会议筹备工作执行委员会编. -- 北京：中国环境出版集团，2021.10

ISBN 978-7-5111-4885-8

Ⅰ. ①守… Ⅱ. ①联… Ⅲ. ①生物多样性－生物资源保护－文集 Ⅳ. ①X176-53

中国版本图书馆CIP数据核字(2021)第189205号

出 版 人 武德凯
策划编辑 李心亮
责任编辑 雷 杨
责任校对 任 丽
装帧设计 艺友品牌

出版发行 中国环境出版集团
（100062 北京市东城区广渠门内大街16号）
网 址：http://www.cesp.com.cn
电子邮箱：bjgl@cesp.com.cn
联系电话：010-67112765（编辑管理部）
010-67112739（第三分社）
发行热线：010-67125803，010-67113405（传真）
印 刷 天津睿和印艺科技有限公司
经 销 各地新华书店
版 次 2021年10月第1版
印 次 2021年10月第1次印刷
开 本 787×1092 1/16
印 张 15.5
字 数 115千字
定 价 156.00元

前言

《生物多样性公约》缔约方大会第十五次会议（COP15）将在中国云南昆明举行，大会将就2030年全球生物多样性新目标开展广泛讨论，推动达成全面平衡、有力度、可执行的2020年后全球生物多样性行动框架。此次大会主题为“生态文明：共建地球生命共同体”，这是联合国环境公约缔约方大会首次将“生态文明”作为大会主题，彰显了习近平生态文明思想鲜明的世界意义，强调了人与自然是生命共同体，要尊重自然、顺应自然、保护自然，体现了中国与国际社会一道，共同遏制生物多样性丧失、促进人与自然和谐共生的信心和决心。“昆明之约”也将推动各方为保护生物多样性做出切实承诺、采取有效行动。

生物多样性是实现绿水青山的重要前提，也是重要的战略资源，保护生物多样性是衡量一个国家生态文明水平和可持续发展能力的重要标志。近年来，在习近平生态文明思想的指引下，我国大力推进生物多样性保护，相关工作取得显著成效，得到国际社会广泛认可。通过成立中国生物多样性保护国家委员会，制定《中国生物多样性保护战略与行动计划（2011—2030年）》，积极实施生物多样性保护重大工程，基本摸清了我国生物多样性状况，初步形成了全国生物多样性观测网络，构建了生物多样性保护监管数据库，提升了我国生物多样性保护水平和履约能力。

为全面做好COP15大会宣传，充分展示各地在习近平生态文明思想指引下开展生物多样性保护工作取得的积极进展和显著成效，推动形成公众广泛参与生物多样性保护的氛围，在 COP15 执行委员会办公室的指导下，中国环境报社于 2021 年 6—8 月面向全社会开展“保护多样之美，共建和谐家园”生物多样性主题征文活动，以展示各地、各机构组织及公众积极参与生物多样性保护的实践案例故事，进一步凝聚社会共识，宣传保护理念，为推动生物多样性保护和实现人与自然和谐共生的可持续发展贡献智慧和力量。

征文活动得到各方积极响应，应征作品以散文或纪实形式，讲述社会各界开展和参与有关生物多样性保护的行动故事和实践案例，以及对生物多样性保护项目模式的探索与推广。透过这些作品，我们惊叹于东黑冠长臂猿、广西火桐等濒危物种被发现、保护的不易与艰辛，感动于一大批生物多样性守护者们的岁岁坚守、代代接力，也欣喜于青少年儿童对生物多样性保护的关注和参与。

在活动中，中国环境报社加强组织策划、加大征集力度，力争应征作品内容风格多元化，以充分展示各界参与生物多样性保护故事；同时通过《中国环境报》及新媒体平台择优同步推送，引发热烈反响，得到大量转发转载。经专家评审，本书收录了其中 50 余篇优秀征文作品，以进一步扩大社会影响力。中国环境报社组织文化教育部张辉、张黎、王琳琳、陈妍凌、肖琪等同志，积极推动征文活动开展，并对征文稿件进行了编辑，以期精益求精，希望能带动更多公众关心、关注并积极参与生物多样性保护。

保护多样之美，共建和谐家园，让我们共同携手，尊重自然、保护自然、热爱自然，在生物多样保护之路上同心同行！

编者

2021 年 9 月

目录

个人篇

团队篇

地方篇

散文篇

个人篇

“生死对决”的背后

| 葛文荣 |

生态摄影师鲍永清的一幅摄影作品《生死对决》带来的话题热度，似乎正随着时间的推移而逐渐淡去。但是，照片背后的故事却像一坛老酒，愈久弥香。

直面残酷

鲍永清的《生死对决》，曾获得2019英国国际野生动物摄影师大赛的最高荣誉。

照片背后是鲍永清和他熟悉的藏狐一家的故事。他观察它们已经很久了，以至于他每次到那里，藏狐一家都会钻出洞，在草原上欢呼雀跃，似乎欢迎着老朋友的到来。

这一天，3只不谙世事的藏狐幼崽无忧无虑地在草原上嬉戏，而藏狐妈妈却疲惫地在草原上来回奔波。养活这3个食量日增的孩子，是藏狐妈妈最繁重的责任。

透过望远镜镜头，鲍永清看出藏狐妈妈的疲惫。因此，他预判，藏狐妈妈会冒险去捕捉旱獭。比起草原鼠，捉到一只肥肥的旱獭，既可以让孩子们饱餐一顿，也可以借机休息两天。

顺着这个思路，鲍永清把视线转向了藏狐巢穴周围，很快在距离1千米左右的地方发现了一窝旱獭。接下来，就只有静静地等待。为了这次拍摄时机，他已经等待了两个月。

生死对决　（鲍永清 摄）

草原非常安静，偶尔的两三声鸟叫声非常清晰悦耳，鲍永清用望远镜一遍遍在草原上探寻。几小时过去了，草原依旧那么安静，草原的露水潮气慢慢渗进了厚厚的衣服，潮冷难受。

当他以为这一天又将毫无所获的时候，恰在这时，他在望远镜里看到了令人激动的一幕。藏狐妈妈不知道何时已潜伏在草地里，全神贯注地注视着旱獭洞穴，并悄无声息地一点点往前靠近。

“有戏！”鲍永清一阵激动。但就在快速地开机、调整参数、对准焦距的过程中，他听到了旱獭刺耳的示警声。

“完了！”鲍永清瞬间泄了气。机警的旱獭发现了潜伏在草丛里的藏狐。它们一旦受到惊吓躲进洞里，再出来就需要很长时间。鲍永清只好停止摆弄相机，趴下来继续观察。

但这只藏狐并没有轻易放弃这次机会，它停止了动作，将自己的身体深深藏进草丛中，看来又将是漫长的等待了。鲍永清也只好放松自己，变换着身体姿势，继续观察。

藏狐一动不动地潜伏了一个多小时，这无疑也考验着鲍永清的耐力。他一会儿小心翼翼地翻过身，晒晒冰凉的肚子，一会儿轻轻舒展一下僵硬的腿脚，就这么煎熬着、等待着。

终于，旱獭一家又探头探脑地出来了。只见旱獭幼崽立起身，四下打量了一会儿，确定没有危险后，伏下身子，开始嚼食带有露水的牧草。

没有意识到危险的年幼旱獭一点一点远离洞穴和父母，而藏狐却悄无声息地步步逼近。鲍永清的心跳也一点一点地在加快，他悄悄放下望远镜，迅速开机、对焦，直到将两只动物框在同一画面里。

眼看藏狐离旱獭只有几米了，鲍永清将快门预压下去了一半，屏住了呼吸。突然，忍耐了很久的藏狐一跃而起，发起攻击。“咔咔、咔咔”的相机快门声也像机枪声一样地响了起来，这种响声似乎是积蓄很久的一种宣泄，响得酣畅淋漓。

年轻的旱獭毕竟不是老藏狐的对手，几个回合下来，身上已多处受伤，动作也渐渐慢了下来。

眼看藏狐胜券在握，闻声而至的旱獭父母也加入了战斗。藏狐在3只旱獭的围攻中来回跑动。终于，它找准机会一口咬住小旱獭的脖子，迅速逃离战场，身后留下旱獭父母撕心裂肺的哀鸣……

内心交战

直到这一刻，鲍永清停止了密集的拍摄，放下相机，翻身平躺在草原上，终于长长舒了一口气。目睹了惊心动魄的生死对决，他的内心翻江倒海，仿佛自己也在这场战斗中经历了生死。

他感到一阵烦躁，满脑子是藏狐的大嘴、小旱獭凄厉的叫声、惊恐的眼神，还有旱獭父母的挣扎。

“如果它们只是展开了一场激烈的大战，然后没有伤亡地各自离去，该多好啊。”

“如果藏狐咬最后一口的时候，我喊上一声就好了。”

“可如果这样，那 3 只嗷嗷待哺的小藏狐又该怎么办？”

……

在这样复杂的情绪中，他迷迷糊糊回到了家，看着桌上的饭菜，没有丝毫食欲。接下来的 3 个月里，他也不想去翻看那些照片。直到今天，除了获奖的那张照片，当天的其他照片，尤其是血腥惨烈的画面，他从不示人。

照片获奖的消息发布后，他一直担心着、纠结着。“如果有网友指责我当时为什么不救小旱獭，我应该怎么解释呢？”“我会不会也像《饥饿的苏丹》拍摄者凯文·卡特一样被人指责？”

伦敦自然历史博物馆原馆长迈克尔·迪克森爵士评价：“这张引人入胜的照片抓住了自然界终极挑战的瞬间——为生存而战。”可是，面对媒体时，鲍永清露出了一丝苦涩的微笑。他将令人惊叹的瞬间展现给世界，也将创作的痛苦留给自己慢慢消化。

每一次举起镜头，都是一个善良的灵魂和另一个具有强烈创作冲动的灵魂在对决。拍摄野生动物，就要接受和坦然面对镜头里的一切，包括大自然优胜劣汰的残忍、物竞天择的无情，这是一名生态摄影师的必修课。除了享受一幅幅作品带来的成就感，摄影师还要去消化一幕幕残忍、血腥场景带来的不适感。

鲍永清为此经常难受得几天吃不下饭，但他知道，草原上每天都发生着杀戮，在大自然动态的和谐中，不需要人类自作多情的干扰。他说，弱肉强食是动物生存的法则，真实地反映野生动物生存的状态是他追求的目标，每个物种都有自己生存的方式，任何人为的干扰，都会导致不可预料的结果。他珍视野生动物在镜头前的真实，所以深入了解动物的生活规律和习性，尽可能地减少对它们的干扰，这是生态摄影师最基本的职业素养。“不管数码技术如何进步，对野生动物的惊扰都是不可接受的。”

他们演绎着人和自然的故事

| 王小玲　李程程 |

城市发展、扩张的背后，一些动物远走他乡，一些植物消失在洪流中。人和自然，如何和谐共生?

在四川这片热土上，有这样一群人，他们默默地付出努力，让国家一级重点保护野生鸟类黑颈鹤有一方栖息之所；让濒临灭绝的长江鲟“起死回生”；让生长在石灰岩壁上的距瓣尾囊草逃过一劫。

在蓝天碧水间，在崇山峻岭中，人和动植物之间的故事正在上演。

夫妇相守，与黑颈鹤共度 14 年

“看见了，看见了。”在若尔盖大草原，手持望远镜的李程程，突然惊喜地喊道。春夏之交，来自四川省生态环境宣传教育中心的李程程，有了第一次与黑颈鹤的邂逅。

而她激动的瞬间，刚好被同行的伙伴拍进了视频里。镜头记录下来的，不仅有李程程与“高原大熊猫”黑颈鹤的初次相遇，还有着人鹤相守相望的故事。

如科夫妇是若尔盖自然保护区的管护员。14 年前，为了唤醒若尔盖湿地的自然生机，守护国家一级重点保护野生鸟类黑颈鹤，他们在花湖旁的简易板房里安了家。

一个双筒望远镜、一条连体雨裤和一部手机，就是如科夫妇的主要家当。步行数小时巡视黑颈鹤的栖息点、阻止人为干扰，成为他们的日常生活。

一次巡护中，如科夫妇惊喜地发现，生性警觉、难以近身的“阿克琼拉”

若尔盖国家级自然保护区黑颈鹤　（顾海军　摄）

（藏语，意为黑颈鹤）竟然正在板房不远处筑巢、繁衍。人鹤之间相守相望的奇妙缘分，就此展开。

深冬，如科夫妇在依依不舍中目送这对黑颈鹤跟随越冬的大部队飞往他乡，开始漫长的思念与等待；初春，这对黑颈鹤亦会穿越风雨如期归来，回到他们的身边。

“黑颈鹤一飞回来，其他候鸟也来了，花湖就热闹了。”如科说。辽阔天地间，芳草萋萋时，人鹤相伴的画面也显得格外温暖。

14 年的相守相望，让如科夫妇的喜悲与黑颈鹤紧紧相连，也让如科夫妇见证了若尔盖湿地的改变。通过生态补偿、季节性限牧还湿等措施，若尔盖生态整体向好。

大美四川，万物有灵。如今，四川省的黑颈鹤从 1994 年的 400 余只增长到 1 000 只，占全球黑颈鹤总数的 18%。

父子传承，坚持长江鲟人工保育

在绿洲，有如科夫妇的 14 年相守。在浩浩长江边，有“父子兵”齐上阵对长江鲟的保护。

随着社会经济的快速发展，受人类活动频繁的影响，长江鲟数量急速减少，白鳍豚、鲥鱼、白鲟相继功能性灭绝，长江生物多样性面临极大威胁。

“水再清，没有鱼，就是一潭死水。鱼再多，没有了长江历经几十万年、上百万年繁衍出的特有鱼类、水中精灵，长江也就犹如失去了灵魂。”周亮，是宜宾珍稀水生动物研究所所长，多年来，他一直走在鱼类保护的路上。

引领他走上这条路的，是他的父亲。“1993 年，我父亲——周世武同志牵头成立了宜宾珍稀水生动物研究所，主要从事长江上游珍稀特有鱼类的保护与开发，长江鲟就是其中之一。”长江鲟俗称沙腊子，是长江上游旗舰物种、一级保护动物。

“为了保护长江鲟，我们没少吃苦头。”周亮说，最开始的那几年，养殖场没有电视、不能通讯，唯一的娱乐就是看书养鱼。“尤其是驯养的中华鲟、长江鲟、胭脂鱼种鱼，不吃饲料，只吃活饵，当时没钱买，就只能自己早出晚归到山里去挖蚯蚓。”

“遇到天干时，一锄头下去，时常给弹回来，汗水像下雨一样往下流，中午就着山泉水吃点干馒头。有时，还得穿着水裤去臭水沟里摸水蚯蚓。弯着腰，顶着烈日，又是一番滋味。”周亮回忆说，“研究所最艰难的时候，靠我妈当教师每月的 300 多元工资维持生存。”

由于技术不成熟，也闹了些笑话。起初研究所的运营完全靠胭脂鱼繁殖观赏鱼苗的收入来支撑。曾经，他们检查到一条雌鱼有很大希望能产籽，结果挤出来一股精液。“一秒钟雌鱼变雄鱼。”当时，池边 5 人一下子全懵了，几十秒钟没人说话。“这意味着，前一年的付出没有结果，后一年的生活没有了着落。”

科研探索的过程，和长江鲟的保护状况一样，一路跌跌撞撞。20 世纪 70 年代，长江鲟野外种群资源上万尾，自 80 年代末开始持续减少，

2004—2005 年，野外误捕只有个位数的记录，已处于灭绝边缘。值得庆幸的是，1998 年宜宾珍稀水生动物研究所实现了长江鲟人工繁殖。“当年第一条长江鲟鱼苗孵出的时候，父亲用信鸽传书，将消息第一时间告诉我母亲。”

随着技术的成熟，2004 年规模化培育上万尾幼苗，2007 年首次放流长江鲟 2 000 尾。“迄今为止，共向长江增殖放流长江鲟 30 多万尾。”在四川省水产研究所、长江水产研究所、中华鲟研究所等单位的共同努力下，去年在长江禁渔退捕之前，每年误捕记录已达到数百尾。

由于水生动物关注度相对较低，除政府支持外，周亮希望更多企业与公众能给予更多关注，通过赞助鱼类增殖放流等方式，让长江鲟继续在江里畅游千里。“多年后，在春暖花开的季节，让我们一起去看波光粼粼鱼跃江面的盛景。”

周亮（左二）和伙伴们　（四川卧龙管理局供图）

为了一棵草，重大水利工程等了一年

和周亮一样，徐玮从事生物多样性保护工作也有不少年头。作为四川省生态环境科学研究院的一名环境工程师，他见证了一棵草是如何影响一座国家重点水利工程建设的。

2010 年，武都引水二期工程——武都水库蓄水在即。这项国家重点水利工程是四川省大型骨干水利工程，川东北工农业和城市经济发展重要的水源工程，项目总投资 41 亿余元。就在万众期待之时，一则讯息给项目踩下了"急刹车"。

一天，四川省环境保护厅收到距瓣尾囊草集中分布区位于武都水库淹没区的消息，随即组织四川省环境保护科学研究院、四川大学、四川省林业科学研究院等单位组成联合调查组，对距瓣尾囊草进行全面调查。同时，按照"谁开发、谁恢复，谁破坏、谁治理"的原则，通报了项目建设单位。

距瓣尾囊草，是毛茛科的中国特有植物，也是生长在石灰岩壁上的多年生草本植物。和一般植物不同，它每年冬季开花，夏季休眠。

1925 年，这种植物由美国博物学家约瑟夫·洛克在涪江上游发现。由于数量少、分布区域狭小，直到 2005 年，中国科学院研究人员才在涪江上游的绵阳市江油市，找到了这一极小种群物种的集中分布区。

经调查，共确定种群数量 2 000 余株，4 个分布点，其中最大的种群为水库淹没区的大桑园种群，数量为 1 500 余株。

怎么办？专家组给出的建议是迁地移栽。"为保证移栽后的成活率，必须要在距瓣尾囊草休眠期进行移栽。"徐玮回忆说，经过思考，项目建设方决定推迟水库蓄水。

为了一棵草，投资 40 多亿元的武都水库等待了一年才得以蓄水。2011 年 5 月中旬，距瓣尾囊草进入休眠期，移植正式开始。在高数十米的悬崖边，工作人员在长约百米、最高近 50 米的脚手架上，用钢钎、切割机、电钻将距瓣尾囊草的根部连同附近岩石凿出，一同转移到移栽点。

故事还没有结束。为了更好地保护距瓣尾囊草，从2011—2017年，国家、省相关部门先后实施了距瓣尾囊草就地保护点建设、人工繁育研究、野外回归三期保护项目。

2011年，环境保护部、四川省环保厅和四川省林业厅，共同实施距瓣尾囊草就地保护项目。2013年，共同建设了距瓣尾囊草人工繁育基地，并通过繁育研究掌握了人工繁育技术。2017年，四川省环境保护厅和四川省科技厅联合开展了距瓣尾囊草野外回归试验。

2020年，经过3年的野外回归试验，回归的人工植株已经繁殖出子代植株，正式标志这一物种重新回归自然，遏制并扭转了它的濒危趋势。

从城市到荒野，生物多样性潜力无限

四川省由西向东，主要由青藏高原、西南山地、四川盆地和成都平原构成。成都这个千万级人口的大都市坐落在平原和丘陵之中。

“在成都这个人口密集的环境里，会有独特生物生存吗？”成都市野生动植物保护管理及防疫专委会秘书长巫嘉伟认为，在传统思维里，众人的回答可能并不一致。然而，他拿出的照片却给出了答案。

“这是四川大学的望江校区。2012年，人类第一次拍摄到黑喉歌鸲的影像，数量可谓极其稀少。”“这片菱叶凤仙花，是成都平原特有的湿地植物。”

在巫嘉伟看来，四川省低海拔的生物多样性被远远低估，潜力无限。

走出平原，就是连绵的高山。这里是中国西南山地，是世界36个生物多样性热点区域之一，而四川西部就是西南山地的核心。

看似荒凉而干燥的河谷，是物种演化的奇妙之地。蜥蜴因为对高温环境的强烈需要，而世代留存在山谷深处。“这是2019年，我用西南山地命名的攀枝花地区蜥蜴新物种，叫山地龙蜥。”说这话的时候，巫嘉伟嘴角上扬，透露着一丝小得意。

一片片山地，形成许多孤立的岛屿，迁移力较弱的物种，就在这些天空之岛上分别演化。这里，有极小种群——距瓣尾囊草。这里，成为地球上旗舰物

盛开的距瓣尾囊草　（四川卧龙管理局 供图）

种——大熊猫的家园。这里，还有雪豹。“我们拍到四姑娘山最高峰幺妹峰与雪豹同框的网红照片，有上亿的点击量。”

再往西看，是广袤的高海拔草地和浅丘，这里是青藏高原的东部。“研究表明，高寒的青藏高原，曾经是物种起源的热土。时至今日，仍然是特有生物聚集的区域。”巫嘉伟说，黑颈鹤正是在青藏高原湿地繁衍的代表物种。

保护生物多样性，给巫嘉伟带来很多欢乐。四川是生物多样性大省，他希望，生活在这片土地上的人，也能感受到这份快乐。

每个镜头都有故事
每个生命都值得敬畏

| 陈妍凌 |

一手拎着方便面、矿泉水，一手扛着摄像机，照片里的孙宁和同事们是大山里的“鸟友”。

穿西装、打领结、亮相红毯，另一张照片里的孙宁，是在国际艾美奖上获奖的中国自然纪录片导演。

哪个形象才是他的日常？孙宁笑眯眯地指了指身上的T恤衫和休闲裤:“喏，生活可以很随性。”紧接着又补了句，“但是对作品，一定要用心。”

孙宁导演的全景声自然电影《鹭世界》，被国际艾美奖授予特殊贡献殊荣。评委评价它“故事完整，画面唯美，语言风格极具中国特色”。他执导拍摄的黄河生态纪录片《大天鹅》，获国家新闻出版广电总局优秀国产纪录片奖，被翻译成多国语言，在世界范围内传播。

作为2021百名最美生态环保志愿者之一，孙宁认为，提高公众的生态意识，需要优秀的文化产品。他愿意到野外“自找苦吃”，更享受在自然里的每一次拍摄，带领团队用影像讲述中国自然生态故事。

“入坑”拍鸟，从不得要领到听声辨鸟

在国内美食、人文类纪录片大量涌现的背景下，孙宁为何执着于拍摄生态环境故事？

“其实我也在寻找答案。”孙宁说，大概是因为自己非常喜欢大自然，同时被现状所刺痛吧，和国外相比，国内的高质量自然纪录片和电影太少了。“也

享受孤独　（孙宁 摄）

许我们加入其中，努把力，也能拍出和国外比肩甚至更优秀的作品呢？”

10 年前，怀揣着自然梦，孙宁转行开始拍鸟。但并非科班出身的他，拍摄的第一年，始终不得要领，基本没拍到想要的素材。

他想记录一个大天鹅家庭的故事，可选定的拍摄主角混到一大群同类中，拍摄者就蒙了：“它们长得都差不多，哪一只才是我的主角？”还有的时候，大天鹅上一秒还在镜头下优雅地划水，下一秒就猝不及防地扑扇着翅膀飞走了，镜头来不及跟上，拍摄不完整。“正拍着呢，（突然惊呼）我的鸟呢？”孙宁笑着回忆，“那时候可郁闷了。”

不过，在山里和鸟相处的过程中，他对鸟类的了解也越发深入。他发现，每只鸟都有自己的特点，性格、长相、行为等都透露着个性。有的鸟胆子小，有的个性豪放，“只要用心感受，就能发现区别。”

谈起鸟儿和自己的发现，语调平和的孙宁来了兴致，不自觉地语速加快、声调上扬，肢体动作也丰富了起来。他模仿大天鹅“嗷嗷”的叫声讲述道，它们集合时，领头者会发出低频的叫声，待到叫声急促，那就是准备起飞了。朱鹮起飞前也有类似征兆。孙宁曲臂向前，以手掌模拟朱鹮头部："它们的头像这样，一点一低地，向下试探。"

渐渐地，孙宁和伙伴们的拍摄从容起来，"有时候听声音、看动作就知道，那一家子要飞了"，也能从一大群同族群鸟类中一眼就辨出自己的主角。

宁可"脱层皮"，也要记录自然

同行们形容，拍纪录片难，拍自然纪录片和电影更要"脱层皮"。孙宁也认为，这是对财力、体力、智力、耐力的多重考验。

在国内，自然电影仍然小众，票房等市场表现远不如商业片，加之上下游产业链尚不健全，资金不足，成了困扰孙宁和团队的一大问题。他们不得不在拍鸟间隙，承接一些商业拍摄工作作为贴补。在《鹭世界》拍摄中功不可没的一款长焦镜头，价值近 10 万元，起初买不起，只能靠租，孙宁犹豫了一年才买新的。一个镜头，相当于花去了团队一两个月的拍摄差旅费。

即使经费紧张，孙宁对作品质量的要求也丝毫不降。原计划 2018 年上映的《鹭世界》，因为他对内容的精益求精，又延长拍摄了两年，直到 2020 年初才上映。拍摄的视频素材，足足用了 40 个 2T 空间硬盘才存下。其中一个表现苍鹭在夕阳下享受孤独的镜头，摄制组更是花了两年才等到。此外，《大天鹅》的拍摄历时 3 年，正在后期制作并计划 2022 年进入全国院线的《朱鹮的传说》，也拍了 4 年多。

孙宁认为，这样的精耕细作是值得的。"作品用了心，大家自然能看到我们的付出，我们也会得到尊重。"

那几年，他们每年在野外拍摄 200 多天，从清晨进山拍到夕阳西下。扛着沉重的摄像器材和干粮，爬坡过坎，对日行万步习以为常。

大自然里，没有剧本。每一次出发，他们都无法预知当天会邂逅什么自然故事。这是大自然的魅力所在，也让野外拍摄的难度加倍。

等待，成了日常。他们因此戏称自己为"老等"。有一回，他们发现黄河滩上的一处小坑里有几个金眶鸻的卵，查阅资料发现，大约 10 天后能孵化。

从第 7 天开始，孙宁和两位同事便在附近蹲守，希望用镜头记录下幼鸟破壳的瞬间。鸟类警惕性高，为了避免惊鸟，拍摄者常常需要藏身帐篷来伪装。5 月中下旬的太阳，把河滩晒得格外潮热，摄制人员在简易帐篷里待上几分钟便浑身湿透。他们形容自己像在产房外等待妻子分娩的丈夫，期待又忐忑。苦等数日后，幼鸟终于从壳中探出头来，记录下生命最初诞生的一刻，令他们欣喜若狂。

用美和爱，激发观众保护欲

关于鸟儿的出生，孙宁镜头下记录的还有小苍鹭。苍鹭母亲离巢觅食，喜鹊趁虚而入，啄破苍鹭卵，破卵再无孵化幼崽的可能，归巢的苍鹭母亲不得不将其抛弃。而躲过喜鹊袭击的两只苍鹭幼崽，虽然成功孵化，却因为好奇贪玩，在山崖壁上蹦跳探索，一失足，跌落殒命。

拍摄者回忆，在现场看到小苍鹭爬上崖壁时，就倍感焦急，可是只能眼睁睁看着，无能为力。这让他们感慨，每一个生命来到世界都如此不易，又如此脆弱。

这段小苍鹭的故事被剪辑进《鹭世界》中，孙宁用旁白告诉观众：“自然界中，生存着实不易，面对生命的无常变化，人类只需表示敬畏。”

孙宁作品里的“生命无常”，也发生在大天鹅“美峡”一家身上。它们生活在河南三门峡黄河湿地苍龙湖上，“美峡”与“肖城”在越冬地恋爱产子，共同抚育孩子成长。然而，意外降临，有一天，雄性天鹅“肖城”忽然失踪了，孙宁和同事们沿着水岸去找，见到的却是它的尸体。那天，孙宁痛哭了 4 回，直到深夜仍无法入睡。

《大天鹅》故事的后半段，美峡成了单亲妈妈。为了保护孩子和领地，她以一己之力挑战一群入侵者，累到动弹不得；冬去春来，翅膀受伤的她，目送长大了的孩子们一一离开，向北迁徙……

“我希望用主人公的成长故事让大家感受到，每一个物种的延续中，小生命们都在努力，它们的生存也许比人类还不容易。”孙宁说，地球物种的生命

两只“对歌”的朱鹮 （孙宁 供图）

孙宁在野外拍摄 （孙宁 供图）

是平等的，人类不应凌驾于其他物种之上，甚至剥夺它们的生存空间。

多年来，孙宁致力于用唯美、震撼的画面感染人，用真实自然的故事打动人。“它们的生活里，也有关于母爱、关于成长的故事，和人类情感相通。”孙宁希望，用影像带领观众放慢匆忙的脚步，感知草木鸟兽，热爱大自然，靠近它、保护它。

与濒危植物火桐的“情缘”

| 毕春艳 |

“真是死心眼，像是跟钱有仇似的，经商这么多年，还是头一次遇上这种人！”一位园林商抱怨。

自从云南省腾冲市新华乡被发现存在濒危物种广西火桐而在网上蹿红后，不少园林商纷纷来电求苗，但都被张定香婉言相拒。

张定香是云南省腾冲市新华乡林业站的一名工作人员，扎根基层 32 年。当她与濒危物种广西火桐“邂逅”，便一见倾心，走上了探究之路，19 年持续呵护，培育出 1 000 余株幼苗，把广西火桐从灭绝边缘“抢救”回来。如今张定香临近退休，却仍在为广西火桐的保护和推广种植而忙碌。

一次意外邂逅“中国红”

2002 年 7 月的一天，晨雾缭绕、细雨缠绵，张定香陪同督查组下村对“夏季造林”工作进行实地察看。说来也巧，她们到何家寨村时，持续下了几周的雨总算停了，不一会儿，一条彩虹横卧天际，久违的太阳温和地照耀着大地。放眼望去，漫山遍野的绿意中，有几株高大挺拔的不知名树木满树红花，正开得热闹，一朵朵、一枝枝、一树树，似美丽女子穿着一袭红裙，阳光下红颜生香，微风中身姿迷人，犹如精灵，使整座山峦充满生机与活力。

如此秀美的花令张定香的心弦不禁一颤：“这是什么植物，为什么开花时无叶？”带着心中的疑问，她快步穿梭于附近农户家中，想刨根问底。遗憾的是，村民们谁也不知此树真名，更说不清它的来历，只是随祖辈叫它“飞松”，也叫“中国红”。

林学专业毕业的张定香，参加工作后一直坚持研读林业方面的书籍，积累了大量知识。遇上这来历不明的“中国红”后，她像丢了魂儿似的，忙完手头工作便匆忙赶回家中，迅速翻开《植物分类学》等图书，全神贯注地看起来。

一组数据誓立“愚公志”

突然，一段图文资料映入眼帘，“广西火桐仅产于广西西南部，是我国 3 种火桐属植物中分布最偏北的一种，数量非常稀少，野生植株仅存 3 株，已濒临野外绝灭，属国家二级保护植物。”

这让她惊愕不已，“早上发现的是广西火桐！”回过神来，她喜上眉梢。在偏远贫困的新华乡竟生长着 6 株，还极其幸运地被自己发现了“秘踪”。

可一转念，她又发起愁来，“广西火桐可是濒危植物，亟须拯救，那我该怎么办呢？”她在屋里来回踱步，随即又拿起书本继续往下看，“现存物种都是亿万年演化而来的宝贵遗产……在自然界，一种植物灭绝往往会导致 10 ~ 30 种生物的生存危机。”这些文字如利器般，深深刺痛了她的心。作为一名林业站工作人员，她热爱这个岗位，更深爱神秘惊艳的广西火桐。因此，张定香暗自立下誓言：一定要保护好家乡的火桐群！

一场试验燃起“星星火”

如何保护好珍稀火桐群？张定香认为，首先要掌握广西火桐的属性。于是，接下来的日子，每天忙完站上工作，她便带上干粮、骑上自行车往何家寨村赶，执着与广西火桐频繁“约会”。

守护火桐的路艰难且遥远，铮铮誓言支撑着她坚定地一路前行。尽管山路崎岖险峻，路途颠簸，身体酸痛难耐，但她只要工作起来就热情高涨，精气神十足。“白天下村观、量、采、记，夜晚查找资料求证”的模式大概持续了一年，寒来暑往，在繁忙有序的奔波中，张定香详细记录了广西火桐在四季更迭中的变化，掌握了广西火桐的第一手资料。

图 1
图 2
图 3 图 4

图 1 满树红花

图 2 大山中的精灵

图 3 张定香培育出的第一批广西火桐

图 4 培育的广西火桐苗移栽成活

2003 年 10 月，因多次到访，热情的火桐树主人给了张定香一捧火桐果，并邀请她品尝，看着圆润饱满的灰褐色果实，她剥了一颗放进嘴里，欣喜地嚼起来，的确肉酥微甜，清香诱人。不过，仅吃了一颗，她便不舍得再吃，把剩下的 15 粒果子装进了外衣口袋。

张定香明白，最好的抢救和保护，就是找到种子培育新树苗。于是，她选了一小块乡林业站的试验地，开始了广西火桐育苗试验。每天上班后、回家前，张定香的第一件事就是看看育种地里有没有变化。一个、两个、三个星期过去了，什么变化也没有，这让她在满怀期待与无限焦虑的矛盾中倍受煎熬。但她仍坚持每天给育苗地洒上清澈的泉水，像照顾自己的孩子一样精心呵护。第 28 天，育种地里冒出 13 株幼苗，出苗率高达 86%。她欣喜若狂，就像自己的孩子出生时一样激动!

苗是育出来了，可幼苗能否顺利成长还是一个未知数。接下来的管护工作，她一点也不敢马虎，每天不管有多忙，都会挤出时间，拿着一块竹片，俯下身去一遍遍地给小苗松土，为幼苗拔草除苔，动作谨慎娴熟，神情专注认真。7 个月过去了，幼苗由原来的 2 厘米高长到了 80 多厘米。看着日渐茁壮成长的火桐树苗，她开心地笑了。小苗也许在别人眼里激不起浪花，但在她心里却点燃了“星火”！

一种情怀凝心“聚力跑”

“一种植物一旦形成商品，往往伴随的就是对该植物资源的破坏，不利于保护。”在张定香看来，濒危不能作为珍稀植物的价值，而应该进入房前屋后、山林、园林，承担扮靓乡村、美化环境的功能，进而形成人人参与保护的局面。所以，她把第一批培育的 13 棵种苗全部送给了前来求苗的村民。

2005 年，张定香自费在新华集镇附近租了 2 亩[1] 农田，又自掏腰包，高价预订、购买了 5 斤种子，开始了第二次的广西火桐树苗培育。有了前期育

1 （1 亩≈ 667 平方米）

种经验，第二批种子播下去后，29 天的时间，嫩绿的幼苗出土 1 400 余株。

为更好地管护好火桐苗，她常常迎着晨露劳作，中午顶着烈日给苗木浇水、施肥、喷药、除草，在落日余晖中回家。育种研究，难免劳动繁重，张定香的家人曾“吃醋”地说：“这段时间，火桐苗更像是你最亲最爱的人，我们白天想见你是那么难啰！”但看着累瘦了的张定香，家人们满是心疼，又都选择在行动上、精神上给予她大力支持。张定香则坚持亲力亲为，为的是“及早发现问题及早解决，不敢有丝毫懈怠”。时隔两年，她把第二批培育出来的种苗，免费送给乡民 350 多株、腾冲市沙坝林场 130 株，自己栽种了 780 余株，并记录了被赠苗者的信息，为的是今后好去察看火桐树的长势情况，给予他们技术上的指导。

在守护和拯救濒危植物广西火桐的路上，虽难题不断，但张定香一路自信阳光、高歌欢唱。只要一有时间，她就根据赠苗表上的信息，提前排出时间表，到火桐苗栽种的田间地头，一一走访察看。就这样，光阴一年年流逝，火桐苗一年年长大，她与群众的友谊也一年年深厚。历经 8 个春秋，第一批、第二批幼苗，分别于 2011 年、2013 年成功开花！裤脚满是泥的张定香，看着自己亲手培育的广西火桐苗在他人地块移栽成活、开花，脸上露出了幸福的笑容。

在她的宣传和感染下，爱好育苗的何明元也培育出 100 余株，赠送村民 76 株。19 年磨一剑，剑刃已初见锋利。

截至 2021 年 8 月 31 日，新华乡辖区内共有广西火桐 1 200 余株，胸径 15 厘米以上超过 60 株，最大植株胸径超过 75 厘米，株高 20 ~ 30 米。

“相信在党委政府的坚强领导下，在更多干部、群众以及社会各界志愿者的同心协力下，广西火桐的保护、推广之路定会跑出‘加速度’！”临近退休的张定香谈起广西火桐的未来，踌躇满志，“希望新华乡的 11 个行政村都种上广西火桐，把新华打造成为世界瞩目的特色火桐之乡，为乡村旅游的发展注入新的活力。”

王新艾：野骆驼的守望者

| 杨涛利 |

5 月 12 日，甘肃省安南坝野骆驼国家级自然保护区里小雨淅沥。驾车行驶在保护区崎岖不平的路上，野生动物保护志愿者王新艾不时望着窗外的草木、山石，心里满是平静和暖意。

在进入国投新疆罗布泊钾盐有限公司进行野骆驼科普宣传之前，她特地绕行安南坝看望慰问冬格列克等 6 位保护站的管护人员，了却一桩心愿。

为保护目前全球种群数量仅约 1 000 峰的野生双峰驼，今年 60 岁的王新艾，在过去 7 年里，先后十多次冒着酷热和严寒进入罗布泊，用镜头记录野骆驼的生存状况。多年来，她带领新疆野骆驼保护协会的会员和志愿者们四处奔走，进行科普宣传，虽然艰苦、劳累，但从未后悔。

在心里种下保护野骆驼的种子

时间回溯到 1986 年秋，当时还在从事科教培训工作的王新艾，得到机会跟随野骆驼保护区的工作人员探寻野骆驼的踪迹。

“那次天气是真冷，几乎滴水成冰，极端低温慢慢消耗着身体的热量，我们的动作也变得迟缓。几个人隐蔽在石头后面。几个小时过去了，大家都要冻僵了，也没见到野骆驼的踪影。”回忆起当时的情景，王新艾记忆犹新，“当时感觉到，等待的每分每秒都是煎熬。就在大家有点泄气、收拾东西准备撤回时，远方的戈壁滩飘起若隐若现的沙尘，一群野骆驼奔驰而来，又匆匆而去。”这是王新艾第一次看到荒原上的野骆驼。

王新艾

王新艾对野骆驼产生了浓厚的兴趣，在心里种下了保护野骆驼的种子。

“一定要为野骆驼做点什么。”2014 年初，在经历了 9 个月的艰难筹备后，王新艾和朋友们发起的新疆野骆驼保护协会正式挂牌成立。

历险终无悔，不改拳拳心

地处甘肃、青海与新疆交界处的罗布泊，地域广阔且自然环境恶劣。在我国生存的近 700 峰野生双峰驼，大多散布在罗布泊腹地，仅有少数分布在阿尔金山北麓、库木塔格沙漠、甘肃安南坝等人迹罕至的区域。

相机电池故障、手脚冻伤、水和食物冻成冰块……罗布泊的低温极寒天气，让拍摄、考察变得极为艰苦。王新艾几次差点丢掉性命。

2016 年 11 月，王新艾的野外拍摄如期进行，但中途发生了意外。一天夜里，劳累了一天的她点着火炉子和衣而睡。半夜时分，营地多变的风向使炉子的煤烟溢出，导致王新艾煤气中毒。天亮后，队员先醒来，发现以往早起的王新艾仍未起来，检查后发现，她陷入了昏迷。大家赶紧把她移到空气流通的地方，并进行拍打、催吐等。她逐渐有了反应，但全身瘫软，已无言语能力。

团队随即动身返回敦煌对她进行急救，硬是从死神手上夺回了一条命。但王新艾留下了严重的后遗症——右眼充血，差点失明。

在 2017 年的一次科学考察中，王新艾再次遭遇惊险。在察看完周围地貌的返回途中，她突然脚底下一空，掉进一个大窟窿，身体也随着流沙往下陷。当时，手臂已无法着力自救，宽大厚实的棉衣减慢着下沉的速度。惊慌中的王新艾大声呼喊，幸好被在附近拣拾红柳枝的三垄沙保护站管护员听到，将她从流沙中拉了出来。

几次与死神擦肩的经历，至今仍让王新艾心有余悸。但她无怨无悔，依然在这条道路上奔忙着。

救助野骆驼，有为天更广

2014 年的初夏，罗布泊野骆驼国家级自然保护区管理局的工作人员在保护区考察巡护途中，发现一峰出生不久的野骆驼。胆小敏感的母驼由于产后受

野生双峰驼

到惊吓，撇下幼驼，消失在茫茫沙海中，留下小野骆驼独自在沙漠上无助地张望。

看到远方走来一群人，小野骆驼一点都不怕，竟朝着人群慢慢靠近，摇摇晃晃地一头扎进三垄沙保护站站长的怀里。

大家在无边沙漠中等待了 5 个多小时，还不见小野骆驼的妈妈，便将其带回保护站，并为其取名“壮壮”。

王新艾说：“哈萨克族在形容姑娘的眼睛美丽时，都会说她有一双骆驼的眼睛。注视着壮壮清澈的黑眼睛，让我对野生动物保护有了更多的思索。只有我们都来关心、关注、关爱野生动物，才能迎来野生动物保护的春天。”

去年 10 月，“壮壮”被放归到新疆天山野生动物园中。这一天，王新艾特地前往三垄沙保护站送别“壮壮”。

7 年里，王新艾和伙伴们不仅帮助野骆驼回归大自然，还用影像记录了 600 多分钟的野骆驼资料，揭示它们的生存现状；他们建立了半永久性水源地，为野骆驼和鹅喉羚、藏野驴、狼等动物提供饮水；他们数次走进中小学校，给孩子们做科普演讲；他们的专家顾问团，从最早的 11 人发展到如今的 47 人……

王新艾说：“我们做了比当初设想的更为广阔的事情。”

陈水华：痴心只为寻鸟踪

| 张黎 |

杭州西溪天堂艺术中心，500 多位观众汇聚在此，等待《一席》举办的演讲活动。

作为演讲嘉宾，陈水华第二个上场，一件普通套头衫，随意的牛仔裤和登山鞋。有人事后评论说，这位杭州“鸟叔”在当天 11 位演讲者中，无疑是最圈粉的那个。他的故事引人入胜，40 多分钟的演讲，全场笑场 60 余次。年轻人玩笑般称，这是属于理工大叔的逆袭。

可细细想来，不是陈水华故事讲得有多妙趣横生，而是作为科学家、时任浙江自然博物馆副馆长的他，14 年找遍上千个无人岛只为追鸟的经历，轻轻地拨动了人们的心弦。

“我从来没想过有一天，会到那遥远的海岛上去”

其实，早在 2017 年 2 月，一则去海岛听海观鸟的工作招聘，已经让陈水华和他的“神话之鸟”小小的火了一把。

在一个自然论坛上，浙江自然博物馆副馆长陈水华发帖表示，要征集两名 2017 年度鸟类监测临时人员，在春夏之季去浙江象山韭山列岛、舟山五峙山列岛从事繁殖海鸟监测工作。

这份颇具诗意的工作招募，吸引了不少热爱大自然的小伙伴的目光。陈水华介绍说，这次海岛鸟类监测目的是保护鸟类，特别是“神话之鸟”——中华凤头燕鸥，全球总数被认为不超过 100 只，被世界自然保护联盟列入极度濒危（CR）物种。

在陈水华看来，全球可以如此近距离接触“神话之鸟”的机会，绝无仅有。

殊不知，为期 4 个月，监测人员在无人岛上的生活是非常艰苦的。这般荒野求生的艰辛，陈水华是经历过的。为了寻找中华凤头燕鸥，他跑遍了 3 000 多个岛屿，故事就从这里开始。

翻看陈水华的履历，从读大学到博士毕业，陈水华一直在研究鸟类，他的科研成果和学术论文列了长长的一串。“一直做城市鸟类研究，我从来没想过有一天，我会到那遥远的海岛上去。”

陈水华说起，2002 年夏天，一个人的出现，改变了他的人生轨迹。

那是台湾鸟类学家颜重威，来到博物馆看陈水华，提起了中华凤头燕鸥。这种鸟，据估计全球数量不足 50 只，还处于极度濒危的状态。又因为它数量非常少，踪迹又很神秘，所以它也被称为“神话之鸟”。

颜重威告诉陈水华，浙江有 3 000 多个岛屿，这些岛屿上很有可能还存在着中华凤头燕鸥。“你要是发现的话，肯定也是个大新闻。”

“神话之鸟”的故事对陈水华而言很有吸引力，刚好他在城市里待得太久了，冥冥之中，就此开启了长达 14 年的海上追寻中华凤头燕鸥的旅程。

“通过努力，初步阻止了这样极度濒危的物种滑向灭绝的深渊”

调查从 2003 年 6 月开始，最初范围是在舟山群岛。舟山群岛有 1 300 多个岛屿，第一年，陈水华调查了 600 多个岛屿，但没有找到中华凤头燕鸥。

其实我们第一年的调查是缺乏经验的，我们不知道怎么找海鸟，所以一见到荒岛就登上去。但你知道，那些荒岛远看是光秃秃的，爬上去之后都是一人多高的茅草。而且荒岛是没有路的，所以我们经常就这样迷失在荒岛的茅草之中。

登岛也是非常危险的。小木船碰到大浪时会一直颠簸，因为荒岛没有码头，必须在船颠簸到最高点的时候往下跳，一不小心就可能掉到海里去了。

陈水华说，2004 年他们又对舟山群岛南部 700 多个岛屿调查了一遍。还是没找到中华凤头燕鸥，调查计划即将结束，启动经费也差不多用光了。

转机出现在 8 月初。当时，团队正在对刚刚批建的省级自然保护区宁波韭山列岛进行资源调查，调查的最后一天，只剩最边缘的几个小岛没去。

“当我们来到最东南角的一个无人小岛时，那里有漫天的大凤头燕鸥，这其中我们找到了大约 20 只中华凤头燕鸥。”陈水华难掩兴奋，“这意味着我们找到了中华凤头燕鸥全球第二个繁殖群。按照颜老师的说法，这是个大新闻。”

可高兴劲还没过，岛上 2 000 余枚蛋，被之后紧接而来的两场台风全给摧毁了。这 20 只中华凤头燕鸥就和 4 000 只大凤头燕鸥，一起消失了。

直到 2007 年 6 月初，科学家才再次在韭山列岛发现了大凤头燕鸥和中华凤头燕鸥的身影。

然而一个星期之后，这里的 1 000 多个鸟蛋被不法分子捡拾一空。这以后，韭山列岛的燕鸥繁殖群就消失了。

直到 2013 年，团队引进了一种美国鸟类学家 Steve Kress 发明的“社群吸引技术”，就是用假鸟和不断回放录制的鸟声，来吸引真鸟前来栖息、繁殖。

长达两个月，招引区一点动静都没有。可就在要失去信心、准备撤回音响的时候，忽然满岛都是燕鸥。这一批燕鸥虽然来得晚，但是有一部分还是留下来繁殖了。

这年，韭山列岛一共吸引了 2 000 多只大凤头燕鸥和 19 只中华凤头燕鸥。

陈水华欣慰又欣喜，“2014 年和 2015 年，连续两年招引又取得成功。尤其是 2015 年，中华凤头燕鸥数量达到了 52 只。综合马祖列岛、五峙山列岛和韭山列岛 3 地的数据，我们估计总数量已经接近 100 只了。通过我们的努力，已经初步阻止了这样极度濒危的物种滑向灭绝的深渊。”

随后的几年，陈水华和团队对部分燕鸥进行卫星跟踪和环志，记录他们的迁徙路线，从而获悉哪些区域对鸟儿更重要，这也是为了更好地保护燕鸥。

“我希望人类能够从中华凤头燕鸥的命运中得到警示和启发”

寻找、守护、追踪、保护，陈水华的人生就这样与中华凤头燕鸥绑在了一起。

陈水华觉得自己也因此有了更强烈的使命感和责任感。在这样一种状态下，一个人会更多地去关注社会责任，而不是个人得失。心态也会越来越好。因为困难不是一朝一夕就能解决的，也学会了理解和包容。野生动物和环境保护，不是一个人的战斗，需要团队合作，需要全社会的力量。这也是陈水华的另一份收获。

或许对很多人来说，海鸟跟自己的生活没有密切关系，一辈子没见过海鸟也不觉得什么。但陈水华说，的确，对很多人来说，海鸟除了文学化的精神享受之外，对它们的感觉不如林鸟来得直观和密切。但是，海鸟是海洋生态系统的重要组成部分，也是海洋生态系统健康的指标，它们对于海洋生态系统的平衡既有调节作用，也有指示作用。

有人问陈水华，你觉得中华凤头燕鸥未来的命运到底如何？他回答说：“我真的很难预测。因为它现在还是极度濒危的物种，极度濒危是什么概念，就像风中的火烛，说不定风一大，‘扑哧’它就灭掉了。”

当然，我们非常希望通过我们的努力，通过全社会的努力，在浙江沿海到处都是中华凤头燕鸥。

杭州那场演讲的最后，陈水华用一张他自己拍摄的照片来结尾。画面中的中华凤头燕鸥在一片巨大阴影中奋勇向前。他将其命名为“危机与希望”。

用影像保护长江江豚

| 高宝燕 |

长江江豚是长江生态健康的晴雨表。在 2021 年 2 月最新调整的《国家重点保护野生动物名录》中，长江江豚由国家二级保护野生动物升为国家一级保护野生动物。回首 20 多年来与长江江豚的缘分，我感慨万分。

2000 年元旦，我成为湖北省武汉市长江日报社的一员，开始追寻自己的新闻理想。那年，我第一次近距离接触江豚。没有想过的是，此后近 20 年的职业生涯甚至整个生活，都与长江江豚以及濒危野生动物有了更密切的联系。

白鳍豚淇淇的去世“惊醒”了我

刚进报社时，我经常背着沉甸甸的摄影包，从武汉坐轮渡上下班，有时会看见一群灰色的江豚在长江里露出光滑的脊背，向天兴洲方向游去。老武汉人叫它们“江猪”。

2002 年 7 月 14 日，一个噩耗把我惊醒，世界上最后一头人工圈养的白鳍豚淇淇去世。我既伤心又自责，曾经以为还有很多时间去拍它，没想到……

淇淇去世后，我决心不再让江豚从眼皮底下消失。于是，每次中国科学院水生生物研究所科研人员开展江豚观察、给江豚体检等科研活动，我都参加。有时候一去就是半个月，从各种角度、各时间段，认真地记录江豚的每一个瞬间。也是从那时起，我开始真正走进江豚的世界。慢慢地，我发现，看起来灰头灰脑的江豚挺有意思，有的朝你吐水，跟你打招呼；有的趁你不备，拍打尾鳍溅你一身水，很顽皮；还有的喜欢吐水泡，搞点小恶作剧。

江豚淘淘　（高宝燕　摄）

淘淘母子　（高宝燕　摄）

江豚的世界里有爱情和忠诚

2005 年 7 月 5 日，小江豚淘淘在中国科学院水生生物研究所由人工饲养繁殖成功，创造了长江江豚在人工条件下自然繁殖的世界首例。我相信，江豚的情感世界里有爱情，也有忠诚。

江豚淘淘出生时，我守了大半夜。它刚出生，科研人员就把淘淘爸爸隔开，在水池中间拉一张网，让妈妈和淘淘在这一边，爸爸在另一边。淘淘爸爸除了在饲养员喂鱼时会游动外，其余时间都静静躺在网旁边，目光追随着淘淘妈妈带淘淘游弋的身影。它还把嘴里的鱼嚼碎了吐到网边，想喂给淘淘吃。

刚出生的淘淘，回声定位系统还没发育完善，像个蹒跚学步的孩子，经常咚咚撞上玻璃观察窗，爸爸妈妈飞快地赶过来，用身体挡住池壁。这时，我会停止手按快门，静静地感受水下世界里，江豚淘淘一家温馨的情感。

两年后，我的摄影作品江豚《温馨一家》，发表在《长江日报》上。那时，淘淘快两岁了，每天都和爸爸妈妈快乐地生活着。

江豚淘淘一家三口还跃上了中国邮票。2018 年 8 月，中国邮政发行《长江经济带》特种邮票，其中第一枚《共抓大保护》的邮票，左下角正是长江江豚淘淘一家三口相伴的图案。其原形，便是我早年拍摄的《温馨一家》。邮票被誉为国家名片，长江江豚有幸在方寸之间展现身姿，表明了国家对长江生态的关注，对共抓大保护、不搞大开发，让长江经济带走可持续发展绿色道路的决心和信心。

把镜头对准长江濒危物种

可惜的是，淘淘妈妈分娩产下弟弟乐乐后，身体日渐消瘦、虚弱，泌乳逐渐减少，最后辞世。

在中科院水生所白鳍豚馆里，科研人员倚着围栏默默无语，最后一次抚摸她灰丝缎般的肌肤，伤心落泪。淘淘妈妈是中科院水生所鲸类学科组大家庭的亲人，更是中国淡水豚类科学研究的功臣。2016 年年初，淘淘爸爸也去世了。

从此，江豚淘淘一家三口水中游弋的温馨情景只能在照片里追忆了。那张《温馨一家》被转载过百万次，成为网红图片。江豚一家三口的温馨感动了很多人，人们仿佛听见它们发出的呼唤。更多的人感悟到，保护长江江豚就是保护长江生态。

这些年，我的摄影镜头始终对准长江白鳍豚、江豚、中华鲟等长江濒危物种，用影像留住长江的微笑、留住长江的生境。

2008 年 8 月，我和中科院鲸类科学家共同创作出版了大型图文画册《瞬间——用镜头留住长江珍稀水生动物》，收集了 28 年来长江珍稀水生动物的珍贵影像。

2016 年 8 月，我创作的少儿科普摄影书《江豚淘淘》出版，全程记录了人工饲养江豚淘淘的成长历程。

作为记者，我有责任为长江里这些美丽的生灵们留下生命的影像。我要告诉后人——长江拥有这样美丽的生灵，也告诉人们——生命于我们、于它们都是一样的，我们都是长江的孩子，我们都是大自然的孩子。

温馨一家 （高宝燕 摄）

我与滇金丝猴的不解之缘

| 魏行智 |

作为云南省丽江市玉龙县野生动植物保护协会的滇金丝猴保护项目志愿者，2013 年初，我来到滇金丝猴的栖息地——老君山。从 26 岁到 34 岁，我把自己最好的青春年华献给了大山里的滇金丝猴和生物多样性保护事业。

从事这项工作前，我对野生动物保护工作很憧憬。我的老家在河南，一马平川的大平原，没有大山、没有森林，所以我对大自然里的工作充满了好奇。当时，我申请了志愿者的工作，原计划只体验几个月，没想到一干竟是 8 年。

作为全职的野生动物保护志愿者，我负责项目协调、跟踪滇金丝猴保护项目的执行、对接巡护员等。后来，工作扩展到巡护工作规划、数据分析、监测计划实施、生物多样性调查、公共关系维护、项目申请、自然教育、公众参与以及开展山村的社区发展工作等。但志愿者没有工资，只有些补助，以前是一个月 2 000 元，这两年涨到了 3 000 元，仅供温饱。

记得刚开始工作时，我每个月过半的时间都在大山里，跟着巡护员一起在海拔三四千米的原始森林里工作。我来自平原，一开始在高海拔缺氧环境里很不适应，在大山里跋涉，走几步就开始喘，腿部力量也跟不上，很快腿就又酸又疼。巡护员都很照顾我，放慢脚步等着我。

老君山位于横断山腹地。这里是被地壳运动挤出来的高山深谷，山特别高，谷也特别深、特别陡。

在大山里穿行非常辛苦，常常是翻过了一座山到山谷，前面又有一座大山。

滇金丝猴经常在树上活动。它们的跳跃能力很强，翻一座山只需要几分钟，在森林里经常是刚听得一阵哗啦哗啦声一群滇金丝猴已倏然而过，一晃眼就跑

滇金丝猴 （魏行智 摄）

魏行智

在一线巡护的工作：保护野生植物资源调查

出去两千米。

但我们不行。我们从谷底爬上山就得 1 个小时，手脚并用，爬到山脊上，就躺在十多厘米厚的苔藓上大喘气。苔藓很软，像床垫，森林里也很安静，只有风吹着杉树林的沙沙响和远处传来的鸟鸣、野鸡叫，特别惬意。从山坡下到谷底倒是不费体力，有时只要几分钟。但坡很陡，一边下滑，一边还得拽着旁边的竹子和树枝。记得有一次，我误抓了一棵满身是刺的树，你可以想象那种感觉吧，后来我知道了它的名字，叫楤木。从此以后绕着它走。

跟踪监测滇金丝猴是项技术活，只有有经验的巡护员才能发现猴子的踪迹。记得我们第一次遇到猴群时，巡护员指着对面的山上说："猴群在那儿。"当时距离猴群有一两千米，我远远地仔细看，就是看不出来，直到注意到树枝在动，才发现一些隐隐约约的小白点。我们随即下山谷、上山坡，悄悄地到了猴群下面。猴群大约是看到了有人来，马上就安静下来，不动也不发出声音。我们抬头，只看到层层叠叠的森林，根本看不到猴，要不是护林员有经验，哪知道这里有几百只滇金丝猴呢。这时，一只小猴子奶声奶气地叫了，估计是刚出生没几天，还不懂得隐藏自己。安静的森林里，只有小猴子的叫声，仿佛是一个小婴儿在呼唤妈妈，非常动听。

到了雨季，在森林里巡护最考验人。巡护员经常需要跋山涉水。高山上的河水沁着寒凉，很多地方没有路，或者路被淹了，我们就在河里蹚着水走。一不小心，还会滑倒。我则摔过，摔趴在水里过，也向后摔躺在水里过。每天在山里跌个几十跤很正常。很多巡护员年纪大时，都有风湿之类的疾病，可能与这个有关吧。

山上的冬天更冷。雪压弯了竹林，挡住了路。脚下的雪没过膝盖，鞋子一会儿就湿了，非常冰冷。走一步，竹子上的雪就落一片，落在脖子里透心凉。我们冬天睡在四处漏风的巡护站，我裹了 5 个睡袋才不觉得冷，但是压在身上很沉。

一线巡护工作非常艰苦，但很有价值。我不是学林学专业的，却非常有幸参与了第二次全国陆生野生动物资源调查、全国重点保护野生植物资源调查，跟着中国科学院、云南大学的专家学者们在野外工作。这期间，通过自学和野外实践，我掌握了很多动植物知识，尤其是有关高山植物的。8 年间，我收集了超过 58 万条动植物照片和视频等信息，数据量超过 1.2 万 G，为丽江和横断山南部区域积累了丰富的生物多样性基础数据。

这期间，我也越发深入地了解了这个地区，从梅里雪山的冰川到怒江干热河谷，从玉龙雪山的原始森林到纳帕海黑颈鹤栖息地，从长江第一湾的碧水到哈巴雪山 5 000 米的蓝天。这里不仅有滇金丝猴，还有绿绒蒿、报春、杜鹃和雪兔子，以及各种各样的兰花和野百合，美丽且珍稀的鸟类。这里多元的民族文化、被誉为“地球上最美的褶皱”的横断山脉和三江并流、地质奇观、天文星空，让人越往深处了解，越发现它是个大宝藏。

我们被这些缤纷美丽的物种吸引而来。一些独特美丽的生物依然静默在深山无人识，还有一些没来得及被人发现就灭绝了。

我希望，有更多人和我们一起，走进神秘新奇又妙趣横生的大自然，关注自然里的物种，保护好它们，保护好我们的家园。

“怪老李”情满“生物圈”

| 魏国栋 |

在位于黑龙江省的大庆油田，熟悉李树森的人都觉得他是个“怪老头”。

说他“怪”，是因为大庆油田打造生态建设示范区的时候，他不但植树造林、育苇种草，还为这里的青蛙、鸟儿、鱼虾大费脑筋。

说他“怪”，是因为他放着处级干部退休后的悠闲生活不过，却自愿申请作为志愿者，要为生态建设和生物多样性保护无偿奉献，这一奉献就是20年。

临危受命，扛起油田生态建设重担

李树森所牵挂的大庆油田生态建设示范区，碧水蓝天，苇草起伏，飞鸟盘旋，游鱼欢畅，要不是俯仰不息的抽油机顽皮地作着提示，人们还以为身处北国林区、生态乐园。

然而，如今被大庆人引以为豪的生态建设示范区，十几年前却是截然不同的模样：大量裸露盐碱地和干涸湖泡随处可见，天上少鸟、地上少树、水中少鱼，大风吹来，掀起一浪一波的碱面和灰土……

必须作出改变。2007年，大庆油田公司决定，全面启动生态环境治理工程。

由于有着主持生态建设的丰富经验和极强的责任心，时任大庆油田机关服务事务处主任的李树森，被任命兼任大庆油田生态建设会战项目部负责人。

项目部把采油50年的老油区确定为示范区。这66平方千米内大大小小的乱掘坑不少，植被、动物却稀少。有人开玩笑说：羊来了想哭，人来了发愁。

生机盎然的大庆油田生态建设示范区　（魏国栋　摄）

李树森（中）踏查生态建设示范区　（魏国栋　摄）

生态环境的治理难度和复杂程度，远高于油田其他区域。

顺应自然，科学创新，鸟叫蛙鸣重回草原

经过十年建设，这里彻底变了模样。2016 年 12 月，示范区基本建成，66 平方千米的大地芳容绽放：春天树影婆娑，夏天鸟语花香，秋天渔歌唱晚，冬天冰雪晶莹。鸟飞回，鱼畅游，野鸡、狐狸、刺猬等重新安家，生物多样性得以大范围恢复。

李树森和建设者们是如何做到的？

原来，从一开始，他们就把维护生物多样性作为一项重要课题来考量，确定了“尊重自然、顺其自然、回归自然”的原则，费尽心思地为各种生物创造良好的生存环境。

生态示范区的夜晚，蛙声一片。而就在十几年前，大庆人几乎听不到蛙鸣声。彼时，经过数十年石油开发，生态质量退化严重，就连以前常见的青蛙都

极少了。

这激起了李树森的“怪”脾气。经过几十个日夜的现场观察、研究，被蚊子咬了一身包的他找到了原因：原来，用于水边护坡保障生产的水泥板，和太陡的坡度不适宜青蛙繁衍。

于是，他改变建设方法，创新出“梯田式蓄水，稻田式育苇”模式。改用土坡土坝繁育芦苇生态护坡，代替原来的水泥板护坡，坡度被严格设定在28°左右。如此一来，繁育出的大量草苇根系发达、盘根错节，像一张致密的网锁在泥土里，发挥了独特的生态护坡固土作用，青蛙也能在这样的坡度和环境中生息繁衍。仅仅一年后，采油工人就又听到了此起彼伏的“呱呱”声。

以前，采油区湖泡中鱼虾少，谁要是来这里钓鱼，准会被别人笑称“傻子”。李树森让大家在连湖蓄水、清淤扩湖施工时，在每个湖泡中深挖一个越冬池，让鱼虾能度过严寒的冬季。此举效果显著，一两年后，大庆市民发现水里到处是鱼虾。现在，来水边钓鱼的人随处可见。

“怪老李”不但让青蛙、鱼虾重回大庆油田，还用了个绝招儿，让百灵鸟也回来了。

油田开发初期，大庆草原上随处可见小沙百灵鸟，属于百灵鸟里面体型最小的一种，歌唱起来宛转悦耳。而随着油田大规模开发，这种鸟儿难觅踪迹。

如何让百灵重现草原？老李去请教老牧民。老牧民的一番话，让他茅塞顿开：“过去放牧马群，草原上到处都是马蹄印儿，那种鸟就在马蹄印儿里筑巢。现在马少了，没地方安家，百灵也就没了……”

原来是这么回事。李树森立即雇来骑手，不干别的，就是骑着马在油区草原上跑，踏出马蹄印儿。果然不久后，人们就惊喜地听到了久违的百灵鸟歌声……

退而不休，为生物多样性保护再干 10 年

作为世界级大油田，在人类对自然生态影响最为直接的地方，李树森为生物多样性的恢复和保护打了个“大庆样板”。他所总结、实践的“高处种树，

低处蓄水，过渡地带自繁草苇”的生态建设理念被广泛认可，已经被中国石油天然气集团在全行业推广。

这样的生态答卷背后，是李树森 30 多年来，每天早出晚归工作 12 个小时以上，节假日几乎无休，废寝忘食的操劳。

按常理说，曾荣获大庆油田公司功勋员工、优秀共产党员标兵称号的他功成名就，该好好休息享受生活了吧?

但让人们觉得“怪”的是，已经 64 岁、退休 4 年的李树森，不顾自己曾患重病、体内还留存着钢环钢钉的身体状况，又作出一个重大决定：再为生态示范区无偿繁育树木 100 万株，培育水生植物 150 万平方米，完成植物生态护坡 200 万平方米。

这个申请，已经于 2021 年年初被组织批准，目前李树森已经作为志愿者回到生态建设岗位，不要待遇、不要报酬，只为自己对油田生态的人生承诺。

“从植树绿化到生态建设，再到生物多样性保护，觉得自己的事儿还远远没做完。”李树森说，“我要争取像退休前一样，加班加点再干 10 年，实现为油田生态建设超时奉献 20 年的人生愿望！”

现在，“怪老李”又回到大庆无数生灵中间，只不过人们已经“见怪不怪”啦!

陈正平：我是“鸟人”调解员

| 吴轶凡 |

海南省儋州市有一位“鸟人”调解员，他放弃年入几十万元的生意，如今只拿每月 1 800 元的工资，这是为什么？

海南儋州湾是水鸟的天堂，渔业资源也很丰富。在这里长大的陈正平，以前靠着海鲜生意，一度日子过得不错。那时，他每年都能挣到几十万元，最多时一年挣了上百万元。

“后来，水产养殖塘越来越多，红树林却越来越少”，生态问题从 20 世纪 80 年代开始凸显，陈正平回忆，“儋州湾的鱼少了，滩涂上再捡不到一桶桶的鱼虾。连原先飞来飞去的鸟也几乎消失了。”意识到自己“需要做点什么”，是在 2010 年。陈正平主动应聘，成为了儋州新英湾红树林自然保护区的专职护林员，希望通过自己的努力，再现当年美丽壮观的红树林。

原本靠海吃海的陈正平，当起了护林员、护鸟人，成为人与自然的记录者与调解员，也开始了每个月只拿 1 000 多元工资的日子。

晴朗的天空下，突然出现一团黑影，越来越近。“游隼！”陈正平一眼就认出它来。这只猛禽轻盈地划过天空，转了个弯，停在农田高高的铁塔上。陈正平用长焦镜头捕捉它的身影，镜头放大，游隼的爪子下，还有一只蓝胸秧鸡。“本来就没多少，又被它吃掉一只！”陈正平叫了起来。“一只国家二级保护动物，吃了一只海南省级保护动物。”和陈正平同行的海口畬畬湿地研究所专家蔡挺惋惜地说。

2019 年起，陈正平加入了 SEE 基金会“守护栖息地任鸟飞”（简称“SEE

陈正平　（大萌　摄）

任鸟飞”）在儋州湾开展的公益项目，开始关注鸟类保护。他常带着望远镜、相机、水和干粮，在滩涂上一守就是一天，拍下数百种鸟类照片。遇到不认识的，他常去请教蔡挺，一来二去，两人也成了朋友。

每年 3—4 月，中国境内大批候鸟由南往北迁徙，此时也是护鸟人一年中最忙碌的时候。为了更好地保护儋州湾鸟类资源，在海南省野生动物保护协会、SEE 任鸟飞项目的支持下，当地组成了一支 6 人护鸟队，陈正平担任队长。

护鸟队员们穿梭在村头和滩涂，记录观察鸟类和各种生物的活动情况，形成数据本底，为之后的保护和研究提供基础；阻止和举报各种破坏生态的行为，向周围村民宣传护鸟知识。

“今年的鸟比以往任何一年都多，比我小时候都多。”陈正平说，当地人的环保、护鸟意识比以前增强了很多，少有伤害鸟类的事件发生。但无法回避的一个问题是，随着鸟类的增多，一些矛盾也浮出水面。

春耕来了，一场“稻田争夺战”也拉开了序幕。每到海水高潮位，成群的白鹭、大白鹭，以及各种鸻类、鹬类，还有叫不上名字的大小鸟儿，离开海滩，飞来稻田觅食。长腿踩来踩去，把刚插下的秧苗踩进土里。

当地水稻，一年只种一季，如果秧苗被鸟踩毁，往往无法及时补种，“一年的收成就没了”。老乡们经常和陈正平抱怨诉苦，但已经很温和了。陈正平说，经过多年宣传教育，村民认同护鸟的理念，但也希望通过陈正平向上反映他们的处境和损失，尽可能地争取生态补偿。

2021 年 1 月 1 日，《海南省生态保护补偿条例》开始实施，鼓励生态受益地区与生态保护地区通过签订生态保护补偿协议，采取资金补偿、对口协作、产业转移等方式，开展横向生态保护补偿活动，这或许对当前的“人鸟矛盾”有所缓解。

尽管光顾儋州湾的鸟类越来越多，但护鸟人的事业依然任重道远，例如湿地退化。

湿地是鸟类最重要的栖息地。海南拥有极其发达的海水养殖业，富营养化的养殖废水会导致海草床快速退化。还有填海造地、沿海堤坝、海上风电、工

光顾儋州湾的鸟类　（大萌　摄）

业污染等，都在侵蚀原本不多的海岸滩涂。

还有一些“冲突”也让人始料不及。儋州湾有一片废弃的古盐田，是许多候鸟理想的高潮位栖息地。有一天，陈正平突然发现，荒滩上被种上了一排排整齐的红树苗。“我一下子就傻眼了，马上打电话给蔡挺老师。”陈正平说，如果这片滩涂被红树林覆盖，那些依荒滩为生的鸟类就要被迫去别处流浪了。蔡挺很快向上级打了报告，并提供了鸟类活动的证据，说明利害，最终林业部门留出了 1/3 的荒滩。

11 年的生态保护经历，也悄然改变了陈正平身边的人。妻子不再质疑他的决定，转而支持他的护鸟工作；大女儿正在攻读环境专业硕士学位，二女儿和小儿子喜欢在假日里跟爸爸一起去滩涂和林间巡护。他还结识了一群志同道合的伙伴，一起为水鸟和湿地保护摇旗呐喊。

在春天的尾巴上，湿地也送给了陈正平一份礼物。那天，离他 30 米开外的地方，一只勺嘴鹬像精灵一样出现在滩涂上，这只少见的鸟类，低着头来回觅食，它和陈正平保持距离，又透露出几分好奇。在它的身后，远远的滩涂尽头，是越来越多、一望无际的楼房。“等到 4 月，它就要飞走了”，陈正平说，“再见，那就是秋天了。”

水鸟　（大萌　摄）

第三只眼看生灵

——生态摄影家焦生福的高原情怀

| 锦梅 |

2020年10月26日，国际影艺联盟（FIAP）总部发来贺信，对20名中国摄影师获得AFIAP（摄影艺术家）荣衔表示热烈祝贺。

著名生态摄影家、青海省摄影家协会理事焦生福榜上有名。

FIAP荣衔是一种摄影实力的象征，备受摄影界的推崇。据了解，这是FIAP经中国摄影家协会审核后首次给中国摄影师授予荣衔。

对这位几十年来爬冰卧雪，风餐露宿，长期奔走于青藏高原冰川雪野、草原山川的摄影家来说，这份大奖可谓实至名归。

与摄影家的邂逅

记得那一年，青海省美术馆举办生态摄影国际金奖作品展，我闻讯前去参观。宽敞的展览大厅富丽堂皇，一幅幅高原野生动物们极具情态的摄影作品，真可谓鲜活生动、栩栩如生。观众的惊呼之声，打破了美术馆宁静的氛围。

没有想到的是，金奖获得者焦生福就站在我的身边，微胖的身躯、黝黑的脸庞、憨厚的笑容，再加上那一身山地摄影家的行头，我的眼前顿时一亮。

再看青海美术馆所展示的焦生福的生态摄影作品，其中高原动物们一瞬间或惊愕或憨萌或激动或愤怒的神态，强烈地撞击着参观者的心扉。

近年来，生态话题在国家层面上得到重视和宣传，在摄影界也成热门。摄影家们已经深刻地认识到，实现人与自然和谐、保持生态平衡、建设生态文明，是人类永恒的话题。

焦生福长期在国土资源保护部门工作，养成了他面对各种与生态有关的事态冷静观察、勤于思考的习惯。他能够做的，就是用他的第三只眼——镜头，默默记录高原上的山川风貌、生灵万物，用一种博大的情怀，融入人与自然相互依存的生态环境中，体悟生灵世界的原生形态、情趣体验。

焦生福从对大自然的感性认识中捕捉画面，激起人们对自然生态的关注，从而唤起人们对自然、对生灵万物的温情与呵护。他清楚地知道，感人的画面记录，自有一种春风化雨、润物无声的效果，正所谓“风光本无限，山水自有灵”。

岁月荏苒，追求无限。焦生福的这种爱好，已成为他生命旅程的一部分。正如他在《高原精灵——对自然的深情凝望》一文中所说：“我不知道怎样表达自己对摄影的热爱，从我拿起相机的那一天起，摄影就渗入我的生活，为我平凡的生命旅程抹上一层令人陶醉的色彩。”

生态摄影从“高原”走向“高峰”

当今时代，经济快速发展，生态失衡引起了全球性的关切和瞩目，许多国际组织和众多有识之士达成共识——我们必须留给地球一部分原始旷野，必须维护动植物的多样性。

焦生福决意拍摄野生动物，这是他的生态摄影从“高原”走向“高峰”的过程，这个过程是“痛并快乐的”。笔者粗略盘点了一下他的野生摄影，拍摄对象有犬科郊狼、赤狐、藏狐；有牛科类野牦牛、驯鹿、藏羚羊；有猫科类兔狲，鼬科类艾鼬；还有大中小型禽类，如濒危的大型猛禽胡兀鹫，中小型猛禽苍鹰，小型雉科锦鸡、环颈雉，鹭科麻鹭等。涉猎之广泛，令人目不暇接。

再看这些作品，其风格已经不是假意抒情，而是对原汁原味自然生态的真实记录。有野性和冲突，有爱抚与温情，每一组摄影作品尽显生态的多姿与和谐、鸟兽的灵动与憨萌。唯其如此，才能传神地表达出一个高原生态摄影家最赤诚的态度：敬畏、尊重、呵护。

焦生福讲述起在第 24 届奥地利特伦伯超级摄影巡回展中获得铜牌的作品《奔跑的野牦牛》的拍摄故事。那是一个初冬，他在高寒而神奇的肯得可克拍摄，成群的野牦牛和野驴随处可见，它们和睦相处，奔腾徜徉其间。他怀着敬畏的心情，耐心拍摄。同时也做好了防范措施，让同行者把车停在他身边，打开车门，不要熄火。正在专心拍摄时，忽然听朋友喊："危险！"抬头一看，一头公野牦牛撩起尾巴正在做出攻击的动作，他急忙转身上车。车刚起步，野牦牛就冲了过来！在狼狈逃跑的过程中，他把镜头对着追赶的公牛一阵"扫射"。还好，在整理片子的时候有了一张满意的片子《奔跑的野牦牛》，后来在第 24 届"奥赛"中获得铜牌。

野生动物摄影，它不是扛起一架器材到特定地点，靠光线明暗就能完成的作业。它首先需要一系列物质条件作支撑——身体素质、器材配置，包括与草场主人的沟通协调，完成地利与人和的铺垫。之后就要靠天时，即使预先构思设想好构图效果，也不是你想要老天就能给你的。天气光线角度，也只是天时的一部分。难的是，你不能为了拍摄，借助一些辅助手段，你又不能左右拍摄的野生动物。一个字"等"，你得耐心等待那个预期画面的出现——光影给力、动物的自然状态下的"配合"、拍摄者的感情投入。换言之，野生摄影，还要看运气。

甘苦自知，又自得其乐。兴致勃勃间，焦生福又讲述了一个在青海高原东部农业区拍摄野狐的故事。

夏季，是这个地区拍摄野狐的好时候。野狐妈妈刚生产完幼崽，怎样接近它们呢？村民们想出来的挖掩体的办法被他否决了。只有耐心才是上策，采取每天靠近一点、再靠近一点的办法。他说，那些野狐，太可爱了。

正如他发表在《青海日报》（人文周刊）上关于拍摄野狐的短文中写的那样：睡眼惺忪的小赤狐晃悠着小脑袋走出洞口，东望望西瞧瞧。判断出周围没有危险，它便爬出了洞口，在草地上长长地伸了一个懒腰。

这是一只非常美丽的小赤狐，全身毛色火红，像涂上了一层油彩，在早晨的阳光下闪动着华丽的光泽。

这大概就是所谓的摄影过程中的温情偶遇吧，让他在拍摄瞬间感受到了发现的快乐。这样的描述，充分体现了焦生福用心灵捕捉野生动物的生活细节，用情感赋予自然灵魂的体验，同时，也传导着呵护自然、物我两忘的境界。他以多情的视角，真实再现那些生活在高原上需要备加呵护的生灵……

原来野生摄影，还有另外一层戏剧色彩。此刻，会心的感觉激荡心间，让我也瞬间沐浴到某种创作的快乐。焦生福的脸上洋溢起动人的温情，神情有些掩饰不住的陶醉和迷恋，简直像个纯粹的孩子。

生态环境的和谐才是野生动物摄影的灵魂

野性的诱惑，激发着焦生福强烈的拍摄欲望。谈话间，我从他时而紧皱、时而舒展的眉宇间，感到一丝不易察觉的腼腆。他也坚定地说出了自己的见解：野生动物摄影，既要坚守其原始生态的本质，也要呈现生物多样性存在，即整个生态环境的和谐才是野生动物摄影的灵魂。

简短的几个关键词“摄影、生态、灵魂”，是一个摄影家冷静的思考，不由得再次想到亲近自然、崇尚自然、主张人们“归隐”自然的爱默生赞颂美妙夜晚的那段话：“草在生长，芽在萌发……天空中有无数的飞鸟，空气中飘逸着松脂、艾蒿和新草垛发出的清香……星星近乎神性的光辉，穿过透明的黑暗倾泻下来，星空下的人看起来像一个年幼的孩子，而他居住的这个地球，看起来像个小小的玩具……”

是难以抑制的喜悦和狂热，催生出一个他人无法企及的高原野生摄影家的目光和追寻，催生出焦生福这样一个“大玩家”。沿着诘问和思索的小径，我仿佛看到了焦生福质朴憨厚的外表之下，那壮怀激烈而又沉稳丰饶的内心。即处在高原空旷的天地之间，人亦如那些经历地球造山运动留下的山脉、河流、生物一般，所能感受到的只是岁月的沧桑、生命的可贵、追求的无垠。而置身苍茫的青藏高原，又无时不让人体会“博大”的真正内涵，体味高原之宏阔与丰厚，体会在与大自然的博弈中得以升华的生命意义。

如是，注定了焦生福的脚下不是坦途，而是翻山越岭、爬冰卧雪、风餐露宿、饱受寂寞和艰辛的跋涉。他的镜头将带我们感知生灵的动感栖居，享受满眼壮美风光的诗意畅想……

三十载接力守护
人鸟和谐骆马湖

| 蒋绍辉　苗婷娟 |

盛夏八月，苏北骆马湖湖畔，微风徐来，清新凉爽。

江苏省新沂市棋盘镇 58 岁的养殖户朱贤征来到自家鱼塘堤岸边，与陪伴自己多年的鱼塘道别。朱贤征从事圈圩养鱼已有 20 余年，拥有鱼塘 200 多亩。当得知实施退圩还湖生态修复有利于骆马湖中的鹭鸟保护后，他第一时间选择支持，决定告别“靠水吃水”的日子。

在骆马湖区，像朱贤征这样在沿湖岸线圈圩养殖并自发保护湖中鹭鸟的农户还有很多。其中，有这样 3 户，他们居住在骆马湖东、西、南北沿岸，相隔百里，素不相识，但从 1990 年开始，他们就自发保护骆马湖区鹭鸟，用三十载春秋为骆马湖数万只鹭鸟，营造出一个人鸟和谐的温馨家园。

老杨夫妇十年呵护“鹭鸟天堂”

骆马湖西北畔的窑湾镇陆口村，一片十来亩的竹林，众多鹭鸟“嘎嘎”鸣叫，翻飞翱翔，追逐嬉戏。竹枝竹叶间筑就的鸟巢错落排列，静静地等候鹭鸟的归来。60 多岁的杨洪民和孙士英夫妇，多年来一直生活在这片竹林边，与鹭鸟结下了不了情缘。

1990 年的春天，他们在无意中发现，竹林里飞来了三四十只鹭鸟，嘎嘎鸣响，盘旋上空。它们似乎看中了这块清静的乐土，就此住下，直到天冷了才离去，第二年春天又飞回来，一来二去，数量已增加到数百只。

那时，骆马湖以前很少见这种鸟，在湖区生活了大半辈子的老杨夫妇对此迷惑不解，四处打听请教才知道这种雪白的鸟叫白鹭，是夏候鸟，国家二级保护动物。它们冬天到温暖的南方过冬，夏天飞回来繁育后代。

朴实的老杨夫妇便更加细心地呵护起这群远方来客。至 1997 年夏天，10 多亩竹林已发展到容纳 1 万多只鹭鸟，成为小有名气的“鹭鸟天堂”。

然而，1999 年开始，老杨发现白鹭栖息的竹林莫名其妙地枯萎，到了第二年，10 多亩竹林只绿了 1/3，剩下的 7 亩是枯黄的叶子。鹭鸟翔集、竹林青翠欲滴的美景不再，仅有数百只夜鹭伫足在随处可见的枯枝败叶上。

失去了枝叶庇护的鹭鸟，见到人很远就会惊起，盘旋离开。为了弄清原因，老杨委托笔者联系了曾多次前来考察的原徐州师范大学生命科学院教授冯照军。

冯教授解释说，竹子枯死的原因主要是鹭鸟过于密集，竹枝脆弱，经不住重压，竹叶的光合作用也受到影响，再加上鸟粪的主要成分是尿酸，对竹子的根系有腐蚀作用。这片竹林面积太小，鹭鸟对栖息环境的过度利用，导致形成了一个由衰转盛、由盛转衰的周期。

父子齐心接力，立家规一心护鸟

骆马湖东畔的棋盘镇柳沟村，与窑湾镇陆口村隔湖相望，柳沟村的唐保美、唐小宝父子，苦心经营着一片三面环水的 80 多亩荒岛、鱼塘，经过父子二人长期种植养护，荒岛变成了植被茂盛、浓荫覆盖的绿岛，成为白鹭理想的转移栖息家园。

老杨夫妇竹林开始枯萎的那一年，老唐父子的小岛上鹭鸟开始多起来。

父子俩从电视上了解到这些鹭鸟是国家二级保护动物，从此就像照看孩子般照看起了这些鹭鸟。夏天雨大风急，遇到下雨天，老唐父子俩总是急着查看鸟窝，看是否有被风吹落的鸟蛋、从巢中掉下来的幼鸟。一旦发现，老唐父子便去湖中捕捉小鱼、小虾喂养它们，确保生命安全延续。

唐保美父子的付出，让鹭鸟不断增多。

几年以后，到这里栖息、繁衍的鹭鸟已超过 2 万多只，成为名副其实的“鹭

鹭鸟

骆马湖畔

鸟天堂”。

但这片宁静、和谐来得并不容易。

鹭鸟的蛋虽然不大，但因为是野生的，许多人认为口味好、营养价值高，常常偷着上岛寻找鸟窠掏蛋，父子俩因为阻止掏鸟蛋而跟人发生争执的事情时有发生。

一年夏天，两个青年人偷偷上了小岛，摸了半口袋鸟蛋和雏鸟，被唐保美老人发现了。双方发生争执，两个青年骂骂咧咧地威胁说：“若再阻止，就把你捆起来扔到水里淹死。”唐保美坚决地说：“你打死我行，拿走鸟蛋、小鸟儿不行。”两个青年人见唐保美不怕威胁，恼羞成怒，猛地把老人推进岛中的池塘，扬长而去，害得老人卧床一个星期。

还有一次，几个人带着网过来捕鸟，居然明目张胆地跟唐保美谈价格，说捉到一只给 10 块钱，让他少管闲事。怎么可能呢？唐保美坚决赶走了他们。

为了保护好鹭鸟，老唐父子干脆在岛上盖了简易板房，有时夜间就住在岛上。在老唐心里，这些鹭鸟就是他的宝贝。

唐小宝告诉笔者，父亲生了重病，有人劝他打几只鹭鸟吃，补补身子。唐保美坚决不肯，还立下家规：不准打鸟、捉鸟、掏鸟巢取蛋，要世代一心护鸟。

自从鹭鸟将小岛当成栖息地后，唐家父子坚持不砍岛上一棵树，不向岛上的地里打农药，心甘情愿过着清贫的日子。

10 多年间，父子俩总结出“白天看鸟飞、夜晚看灯亮”的守护信号。白天，只要看到树林中有成群的鸟儿起飞盘旋，便知道林中有情况，马上放下手中的活儿跑过去察看；夜间，只要一看到林中有灯亮，父子俩便赶紧跑去与捉鸟人交涉。

为了鹭鸟的安宁，父子俩决定挖断通向小岛的便利通道，但同时他们上岛的路径也被切断了。70 多岁的唐保美每天划着小船，越过一条 10 多米宽的小河往返于小岛与外界之间。

鱼塘变“食堂”，农民化身“鹭鸟专家”

骆马湖东南畔的新店镇大刀湾，“白鹭岛”上枝繁叶茂，岛上遍植柳树，绿荫蔽日，地上长满了野草和一些藤蔓植物，肆意蔓延的绿色呈现出一种原生态的美。

50多岁的新店镇南建村渔民朱贤征，开船带着笔者踏上这片300余亩的“白鹭岛”，刚上岛没几步，就听见鸟叫声不绝于耳。

顺着鸟叫声向岛中央走去，脚下的土地逐渐变得松软，柳树的枝丫上到处是树枝搭成的鸟巢。有些较低的鸟巢中，透过树枝可以隐约看到幼鸟的身影。

“柳树上栖息的都是白鹭，早上6点多就出去觅食了。灰鹭栖息在芦苇里，喜欢夜间出去觅食。”朱贤征介绍着。

果然，在一片鱼塘旁边的芦苇地里，我们看到了成群的灰鹭。朱贤征吆喝两声，芦苇中的灰鹭纷纷展翅，一边舞动着翅膀，一边呼朋引伴，令人目不暇接。

朱贤征说，现在还不是鸟儿最多的时候，等到六七月幼鸟都长大了，数量能达到四五万只，每天一早一晚离巢或归巢时，场面蔚为壮观。

驾船绕岛一周需要半个小时，在白鹭岛靠近骆马湖的一侧，可以看到一些娴静的鹭鸟，或在浅滩处休憩，或在半空中翱翔，或俯冲到湖中觅食，碧水、青草、白鹭和岸边黄色的油菜花，形成一幅美丽和谐的画卷。

一年又一年，热衷鹭鸟保护的唐保美、杨洪民先后离世，但护鸟爱鸟的热情和接力棒却被湖区的农民一传再传。

骆马湖的鹭鸟从几十只变成了几千只、几万只，遍布湖畔的东南西北。

白鹭、灰鹭、牛背鹭、黄嘴白鹭、黑尾鸥、猫头鹰、画眉、黄鹂、翠鸟……岛上鸟类资源的丰富程度让徐州市自然资源和规划局野生动物保护科科长周虹十分惊叹：“灰鹭和白鹭都是国家保护的有益或者有重要经济、科学研究价值的陆生野生动物，黄嘴白鹭则是国家二级保护动物，在我国已经很罕见了。”

和鹭鸟的朝夕相处，让朱贤征从一个渔民变成了“鹭鸟专家”。

“鹭鸟的粪便是酸性物质，不仅会造成鱼苗死亡，而且会影响水质，因此

群鸟飞翔

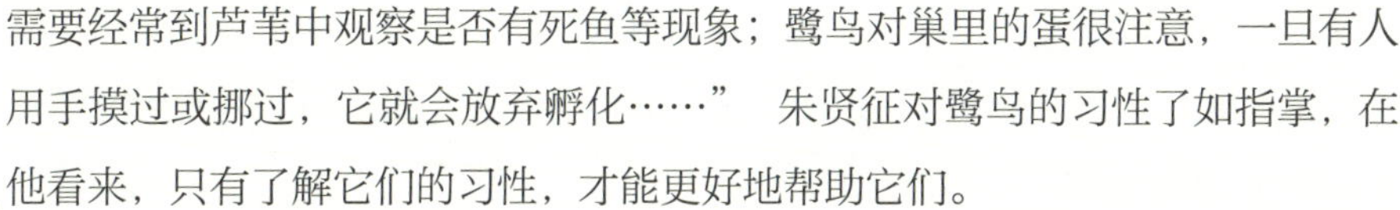

需要经常到芦苇中观察是否有死鱼等现象；鹭鸟对巢里的蛋很注意，一旦有人用手摸过或挪过，它就会放弃孵化……” 朱贤征对鹭鸟的习性了如指掌，在他看来，只有了解它们的习性，才能更好地帮助它们。

朱贤征对陆口村鹭鸟栖息地竹林的破坏，也有自己的见解，“竹林要外扩，疏散密度，减轻中心地带的压力；及时清理鸟粪，减少尿酸危害；调整树种结构，在竹林中穿插种植些与竹子差不多高的杉木、海桐等耐重压的树木……”

为了鸟，朱贤征不仅放弃了收入，而且还投入了不少资金。芦苇到了秋天能卖到每亩 1 000 元，但为了那些可爱的灰鹭有栖息之处，他一次都没有收割过。为了让鸟儿们生活得更舒适，他在岛上种了 1 000 多棵柳树，现在长到十几米高。每年 3—6 月，他还会在鱼塘中放入 1 000 多斤鱼苗，给哺育期的鹭鸟“补充营养”。

由于没有收入，近 10 年来，朱贤征每年都损失 10 多万元，只靠在码头

上卖鱼药和鱼饲料维持生活，并贴补“白鹭岛”。

但对此，朱贤征心甘情愿。每天早上到岛上巡查一圈，看到鸟儿们安然无恙，他才能放心开始一天的工作。

更令朱贤征欣慰的是，随着法律法规的完善和公众环保意识的增强，2013 年，新沂市林业局把朱贤征保护的“白鹭岛”列为“新沂市陆生野生动物疫源疫病监测点”，并安装了在线监控设备，朱贤征坐在家里就能监控岛上的角落。

如今朱贤征的儿子和侄子也经常过来帮他一起护鸟，令他宽慰不少。“希望儿子能接过我的接力棒，更希望大家都来爱护鹭鸟，积极参与鹭鸟保护。”朱贤征说。

2021 年年初，为更大力度保护骆马湖原生态和生物多样性，新沂市开始实施骆马湖退圩还湖生态修复，恢复退鱼圈圩自由水面 4.5 万亩，彰显美丽骆马湖生态底色、重现骆马湖生态湿地迷人风光的步伐正逐渐加快。

朱贤征恋恋不舍地站在白鹭岛上自己圈圩的 200 多亩鱼塘前，仿佛看见骆马湖旖旎迷人的明天，碧波荡漾、烟波浩渺、白云舒卷、鹭鸟翱翔……

“心物合一”话保护

| 牛克锋 |

2010年深秋，我初次拜访贵州省麻阳河国家级自然保护区。在此之前，我对这个拥有世界最多野生黑叶猴的保护区早有耳闻。不过那次行程我只遥望了黑叶猴片刻，便匆忙离开了。之后的两三年里，虽与黑叶猴打过几次照面，无奈每次时间都非常短暂，并未对这些动物有深入的了解。

直到2013年，贵州省林业厅、麻阳河国家级自然保护区管理局和贵州大学等单位联合开展麻阳河保护区的本底资源调查。调查项目的主持人句光前教授希望我能负责麻阳河黑叶猴种群数量的调查工作。于是我接过了这个“改变人生”的任务，开始走近这一物种。

由于缺乏黑叶猴野外观察经验，一开始调查并不顺利。除了贵州，黑叶猴也在广西、重庆等地有分布，在我们调查之前，其他地区亦开展过类似的调查，可那些经验并不能完全套用在麻阳河保护区的黑叶猴调查中。一个最明显的例子是，由于桂、黔两地黑叶猴的栖息地大为不同，不少已有的调查方法从峰丛转到河谷时就难以奏效了。

随后的调查中，我们更注重因地制宜。我与保护区的同事、研究同行等不断细化调查的背景信息，针对不同片区的实际情况制定了相应的调查方法和对策，这为顺利完成全区调查打下了坚实的基础。

经过几年的不懈努力，我们终于估计出了整个麻阳河保护区（含沿河县、务川县）黑叶猴的种群数量——约72群554只，发现了物种沿河分布的模式。这些发现为保护域内的黑叶猴提供了基础。

同时，我们在对当地居民进行访谈时了解到，黑叶猴在部分区域喜食老乡的庄稼，因此有些居民对黑叶猴牢骚满腹，非常不利于物种的保护。尽管保护区从 2011 年就开始对黑叶猴采食庄稼所造成的损失实施补偿，但收效甚微，且由于补偿资金发放的滞后等问题，还滋生了社区与管理部门间的矛盾。这一系列发现，促使我开始思考和关注当地的人猴关系。

2015 年，黑叶猴种群野外调查工作告一段落，彼时也是我博士研究课题设计之时，于是我决定以麻阳河保护区的青龙村为案例，尝试探讨当地人与黑叶猴之间的关系。选择青龙村，是因为它被认为是黑叶猴采食庄稼最为严重的地区，也是保护区开展农作物损毁补偿和当地政府开展“观猴”旅游等的试点区域。这些复杂的因素为人猴关系带来了诸多联系和不确定性，也为我们的探索提供了一个绝佳的互动系统。

随着研究的不断深入，我们发现，原先被普遍认为与当地人“交恶”的黑叶猴，并非如预期般让人讨厌。尽管青龙村的黑叶猴采食庄稼、破坏房屋等行为的确引发了少数村民的不满，可绝大多数村民对黑叶猴还是十分友善、喜爱。这一方面源于当地村民理解黑叶猴对带动当地（未来）旅游发展起着不可替代的作用；另一方面，部分村民也爱观赏黑叶猴，并视其为一种十分可爱的动物。这个发现揭示出人们对黑叶猴多样的感知和心理构建，也提醒人们，不应总是从单一且消极的角度去看待那些制造“麻烦”的物种。

这次研究对象从猴到人的转变，也促使我对野生动物保护、人与动物共存有了新的思考和理解。西方科学家和学者在 20 世纪 80 年代意识到生物多样性危机后，提出诸多管理和解决方案，也导致了保护生物学的诞生。这一学科的诞生，正是人类在利用科学和技术打造“以人类为中心的社会”过程中，人类对自身活动给自然环境所带来的负面效应的再平衡和可持续管控。时至今日，这个平衡的再造正在经历由物到人、由外到内的转向。

这预示着，心才是自然保护的源头。心之所向，行之所往，“以人为本”的保护时代正在悄然兴起。在未来的自然保护中，我们不应忽视对人心和情感的调润与塑造，加强和鼓励本土文化基础上与生物多样性保护有关的人文创作，倡导和构建中国语境下的“心（人心）物（物种）合一”保护文化体系，是完成用“心”保护生物多样性至关重要的一环。

黑叶猴

抱团睡觉的黑叶猴

我与东黑冠长臂猿的故事

| 阎璐 |

东黑冠长臂猿，是我从事十多年的保护工作中，投入时间和感情最多的保护对象。尤其是 2006 年到 2012 年，我 20 多次来到中越边境的邦亮林区，一心只为保护东黑冠长臂猿——全球最为濒危的 25 种灵长类动物之一。

众里寻他，东黑冠长臂猿灭绝了吗？

2002 年，国际保护组织 Fauna & Flora International（FFI）在越南北部高屏省重庆县的喀斯特森林里，监测到了曾被认为已灭绝的东黑冠长臂猿。

中国会有吗？我在 2003 年年底加入 FFI 中国项目，时任中国项目负责人的毕蔚林博士（Bill Blesich） 经常念叨，中国广西与越南交界的森林里应该也有东黑冠长臂猿。而关于广西长臂猿分布的最后记录，是在 20 世纪 50 年代的广西龙州，我国著名动物学家谭邦杰曾在文献中提到。

2005 年，我们前往云南和广西的长臂猿历史分布区做调查。可惜并没有获得关于长臂猿的有效信息。后来，因为忙于其他灵长类保护项目，寻找东黑冠长臂猿的行动被暂时搁置。

再次调查，错过了一个可以讲一辈子的成就

2006 年，毕蔚林博士去越南一侧有东黑冠长臂猿分布的区域考察，回来后他兴奋地说，长臂猿就分布在中越边境森林中。而且从越南一侧往中国境内

看，森林质量较高，有必要组织一次专门调查，深入林区寻找。于是，FFI 中国项目在 2006 年 4 月 23—28 日组织了邦亮林区野外考察，希望能找到长臂猿在中国境内的生存记录。

在喀斯特森林做野外调查，对当时参加调查的队员来说都是第一次经历。野外条件艰苦，加上陪同的当地人员对林区地形地貌也不了解，整个调查的后勤准备并不充分。

我们的调查从两个不同的方向进入林区，在同一个区域开展 3 天的监听。调查期间，林区一直下雨。到了 4 月 28 日，雨势太大，向导和当地的陪同工作人员出于安全考虑，强烈要求我们撤了出来。在调查的前两天有队员听到疑似长臂猿的叫声，但距离太远没有录到，这也让我们错失了证明中国境内有东黑冠长臂猿的机会。

但在 2006 年 5 月 4 日，也就是我们结束野外调查仅 6 天后，广西大学的周放老师在邦亮进行鸟类调查时，录到了东黑冠长臂猿的叫声，这应该是 20 世纪 50 年代以后东黑冠长臂猿在我国境内存在的第一次官方记录。紧接着，嘉道理中国保育项目在东黑冠长臂猿实地考察中，首次拍摄到了这个物种在中国的影像资料。

大雨后的晴天，长臂猿鸣叫概率非常高。如果我们当时冒雨再多坚持几天，我就多了个可以讲一辈子的成就了。

中越首次联合调查，确定东黑冠长臂猿种群和数量

时隔 50 年，被认为已经灭绝的东黑冠长臂猿在中国重新被发现。在此之前，我们并不清楚这一物种在全球的数量。

东黑冠长臂猿的栖息地不到 30 平方千米，被两条河包围着的季雨林跨越了中越边境两侧，只有组织中越联合同步野外调查，才能比较准确地了解它们的种群数量和具体分布。

2007 年 9 月，我们组织了第一次中越联合野外调查。我负责组织中国一侧的调查。

参与这次调查的有 20 多人，除林业部门工作人员、向导、调查专家，还有 4 位专业摄影、摄像人员作全程记录。我是其中唯一的女性。那次调查让我和大家成了有永久话题的好朋友。当时刚刚从昆明动物研究所博士毕业的范朋飞，也是其中之一。

为期一周的野外调查非常辛苦，除了天气潮湿闷热、山路难行，最难解决的后勤问题是保障生活用水。喀斯特森林里几乎没有地表水源，调查期间 20 多人的用水全部要靠村民用容器背进去。除了做饭和饮用，我们的其他生活用水一概能省则省，刷牙洗脸就用头顶塑料布接的露水。

野外调查期间，我们共听到 4 群长臂猿鸣叫，直接观察到 3 群长臂猿。后来，我们对中越双方的调查数据作了比对分析，认为没有一群长臂猿的家域完全在中国境内，我们观察到的 3 群都是跨边界活动的家庭。

虽然时隔 50 年再次在广西发现长臂猿的消息令人振奋，但这个地区东黑冠长臂猿的种群数量非常小，并且适合其生活的栖息地面积有限（不到 4 平方千米）。因此，调查组向当地政府建议，对邦亮林区和长臂猿种群采取紧急保护措施，消除烧炭、开荒等人为干扰，以确保其种群的长期存活。

在广西壮族自治区林业厅和靖西县政府的支持下，2009 年广西邦亮长臂猿自治区级自然保护区成立，并于 2013 年升级成为国家级自然保护区。保护工作也初见成效，到 2018 年，中越联合调查确定中国境内已增加到 5 群共 32 只（含跨边境活动的家庭群）。这是政府、科研人员和保护组织共同努力的结果，也让我们看到了极度濒危物种保护的希望和信心。

“铁三角”的友谊，云山保护的种子

从 2006 年到 2012 年初，我到靖西县 20 余次，开展野外考察、科研监测、社区调查、科普宣传、中越双方保护交流等工作。

保护项目为野外科研监测提供稳定的资金支持和政府关系协调，一线科研成果为保护行动和中越跨境保护合作提供坚实的科学依据，专业的长臂猿影像资料为保护和科研都提供了最佳的宣传素材及科研发现的证据。

“铁三角”和保护区工作人员在查看拍摄到的长臂猿照片 （云山保护 供图）

调查人员在分组前核对时间，以便更精准记录长臂猿种群情况 （云山保护 供图）

在东黑冠长臂猿的保护、科研和影像拍摄合作中，我与范朋飞、赵超合作默契。迄今为止，赵超3次深入邦亮，拍摄的东黑冠长臂猿照片一直在国内和国际上为这一物种的保护宣传发挥影像的力量。在我离开FFI中国项目3年多后，我们3人共同创立了云山保护，希望继续用“科研贡献保护、保护需求推动科研监测”的模式，为保护中国的长臂猿及其生存的生态系统做贡献。

在这些年的保护工作经历中，每当被公众问及“长臂猿保护还有希望吗”，或者向政府官员介绍长臂猿保护的必要性和紧迫性时，我都会用东黑冠长臂猿保护的故事做例子。因为这是我亲身参与的保护项目，也是一个曾经被认为灭绝的物种从被重新发现到种群数量和栖息地逐渐恢复的项目。

我认为，东黑冠长臂猿保护成效能很好地诠释濒危物种保护的两个要素：一是充分翔实的调查和持续的科研监测，是对濒危物种保护最重要的支持；二是保护是一项系统工程，需要所有的利益相关方积极沟通合作，同时确保可持续资金投入。

现在，云山保护致力于保护极度濒危的天行长臂猿，希望大家能和我们一起保护长臂猿及其生存繁衍的栖息地。

愿千山长青，猿声常鸣。

半生护鸟行　一心环保情

宋明月

李荣富，吉林省蛟河市天北镇九年制学校生物教师，曾荣获全国未成年人生态道德教育“特殊贡献奖”、教育部“关爱自然 呵护鸟类”综合实践活动先进个人、全国护飞行动先进个人、国际爱护动物优秀组织奖、2021 全国最美生态环保志愿者等多项殊荣。现在，就让我把他的故事讲给你听……

缘起——救护东方白鹳

蛟河市地处长白山老爷岭余脉，植被种类繁多，曾是野生动物栖息的天堂。很多年前，捕猎珍稀野生动物曾是当地人炫耀的谈资。2003 年冬天，李荣富的儿子——李季在野外救护了一只受伤的“大鸟”。周围不少人想买下它，但李荣富坚决地说：“这是野生动物，无论谁给多少钱都不能卖。”

随着吉林市野生动物保护协会专家的到来，李荣富才知道这只“大鸟”叫东方白鹳，是国家一级保护动物，当时全国仅剩不到 900 只。吉林市野生动物保护协会打算奖励李荣富 500 元钱，但他坚持拒绝了，只接受了两本关于野生动物的书。

“当时我教初一年级，有 100 多个孩子。”李荣富回忆，他把这两本书带到课堂上，孩子们非常感兴趣，抢着看。执教近 20 年的李荣富从孩子们身上看到了野生动物保护的曙光，他决定，从娃娃抓起，把爱护环境、保护野生动物的种子播种到孩子们心里，他愿和孩子们一起，在自然教育中培育美好心灵。

从那年开始，李荣富就在学校成立了“爱鸟护鸟宣传大队”，带领学生们进行巡山清套除夹、河流看护观察、捡拾秋粮帮鸟儿越冬等活动。他带孩子们成立了12个小组，开展野生动植物保护和宣传活动。在天北镇庆丰村铁路局农场苍鹭栖息地，李荣富参与打造“未成年人生态道德教育基地”，把知识讲解和保护实践相结合，仅用了两年多时间，就将只有10只小苍鹭群的农场变成了吉林地区最大的苍鹭栖息地，优良的自然环境还吸引了众多其他野生动物前来“落户”。

追梦——打造生态基地

2016年，在家人支持下，李荣富投资60万元，自建260公顷植物园，作为“未成年人生态道德教育社会实践活动基地”。植物园中有野生植物上千种、中草药五六百种、野生鸟类70余种，以及多种陆生野生动物。

李荣富表示，他正在向相关部门申请，在这片植物园建立小型的物种基因库，更好地保护生物多样性。

在这座植物园中，李荣富还建起一座生态书屋，倡导人们多与自然相处，学习格物致知。他认为，在大自然中并不只是休闲，而是对人健康发展的重要“投资”。对于自然世界，让孩子去学习知识，远没有让他们去体验重要。徒步、爬山、野营、园艺、户外生存、学农教育，这些都能唤醒孩子对自然的新奇感，给孩子机会体验冒险，在自然游戏中培养他们对自然的亲近感。以自然为师，以自然为友，孩子们便会更热爱自然、更愿意保护大自然。

“在地球上，人类不是孑然独立的，我们身属一个最伟大的共同体，一个和万物分享生命奇迹的共同体。”李荣富说，要用整个大自然，去塑造孩子，也要让每个孩子，保护好我们的大自然。

坚守——深耕环保二十载

课堂上，李荣富是生物多样性保护的倡导者，将抽象的概念娓娓道来。大自然中的生物相生相克，比如有蚊子就有鸭趾草，有毒蛇就有灌贯叶廖，就像一条环环相扣的链条。鸟吃虫，虫吃植物，如果有人大量吃鸟、猎杀鸟，鸟少了，害虫就会多，粮食就可能减产，吃亏的是农民。既想吃鸟，又不想让粮食减产，便只好多打农药。可一旦食物中的农药残留过多，人吃了，久而久之就容易得病。“所以说，保护生物多样性，实际上就是在保护我们人类自己。”李荣富告诉学生。

校园里，李荣富组建起蛟河市环境教育“绿色小记者”工作站，并担任站长。在他看来，这既是为了实现他的生态梦，也为了解决孩子们的“自然缺失症”。

校园外，李荣富组织学生们在天北镇全域宣传《野生动物保护法》，配合林业部门严厉打击违法犯罪，救护野生动物 300 余次。他还曾组织开展中草药识别、乡村观鸟及自然体验等多种活动。

李荣富的行动也带动了家人，妻子和儿子也参与其中，动员身边的人们，一起致力于爱护环境、保护动物和未成年人自然教育事业。

那些感受大地之美的人，能从中获得生命的力量，受用一生。李荣富说，他希望自己带着这份力量，用爱心和执着，继续做大自然的绿色守护者。

埋下“保护”种子　倾情守护20载

| 魏新宇　王诺 |

一次偶然的机会，一次“挽留海鸥”的志愿行动，从此便与野生动植物保护结下了不解之缘，他就是青岛市城阳区野生保护协会会长徐立强，一位20多年默默奉献、始终致力于野生动植物保护的青岛小伙。

徐立强生长在崂山西麓群山环抱的美丽山村——山东省青岛市城阳区夏庄街道少山社区。生长在青山绿水的环境中，受山水灵性的熏陶，徐立强对大自然充满了好奇和喜爱，关心爱护动植物，并逐渐将小爱好发展成毕生从事的职业，成为远近闻名的野生动物的“守护者”。

2001年，徐立强在拜访亲戚的途中遇见青岛市举办的“挽留海鸥”活动，第一次近距离地接触和观察海鸥。

通过与海鸥的互动，他联想到自家周围也存在很多野生动植物，但因为早些年存在的非法猎捕、非法食用等行为，让这些动物对人类产生很强的戒备和警惕，关系渐渐疏远。

也正是这次的近距离接触，让他把保护野生动植物的种子深埋入心，成为他保护野生动植物事业的开端。

青岛崂山山麓地貌复杂、气候温，是鸟类栖息繁衍的良好庇护所。每年春天鸟儿南回，在此筑巢繁衍，秋天南迁北徙，这两个时节也成了私捕滥猎、滥食鸟类的高发期。

“每年这段时间，我每周都会巡山至少两三次，通常是凌晨就出发，因为山上范围比较大、山路比较崎岖，下山的时候就已经是傍晚了。”徐立强说。

城阳野生动植物保护协会志愿者带领同学们放飞救助的野生鸟类

巡山过程中的危险和困难，也是很多人无法想象的。这些年来，徐立强因为登山摔倒、滑倒导致受伤的情况有很多。有一次，徐立强一早进山护鸟，因为雨后山路较滑，不小心摔到一块大石头上昏迷，直到当天傍晚才苏醒过来，浑身疼痛难忍，自己在原地恢复了一段时间后，才一瘸一拐地下山回了家。

一系列的工作，让他更加深刻地意识到环境保护对野生动植物的重要性，保护野生动植物刻不容缓。

于是，他自发成立山东省第一个区县级野生动植物保护协会——城阳区野生动植物保护协会，组建由林业干部职工、公安干警、大中小学师生、知名企业家、新闻记者、动植物保护专家、摄影家、美术家、社区干部群众等 5 000 多人的野生动植物保志愿者队伍。在他看来，保护野生动植物专业性、社会性非常强，需要大家发挥各自专长，如遇到外来濒危物种，可以向志愿者队伍中的专家、学者请教，在充分了解情况后制定最合适的方案。

为保证候鸟成功迁徙，野生动植物保护协会在春秋两季分别开展“走进大自然、爱鸟护绿”“青岛护飞行动”等活动。活动期间，徐立强带领志愿者每天都要走进深山进行数小时的巡山护鸟行动，打击违法捕猎，割除张挂、定置的捕鸟网具，解救野生鸟类。

“动物是非常有灵性的。”2017 年，一次清网活动中，徐立强成功解救了一只国家二级保护动物——红隼，当时它已经被困在网上 1 ~ 2 天了，已经失去攻击力，温顺得像一只小雏鸡，令人心疼。

后来，徐立强将其带回保护站救治，为了进一步锻炼它放生后融入自然的能力，不断投喂活物来恢复它的“野性”后，救助站组织了一次放飞活动，放飞后这只红隼在低空徘徊了许久才离去。20 多年来，徐立强数百次解救放飞被网困鸟类 1 500 余只，其中包括国家二级重点保护鸟类红角鸮、苍鹰等，国家三级保护鸟类朱雀、绣眼鸟、丘鹬、斑鸠等和濒临灭绝的黄脚三趾鹑等。

徐立强不仅关爱动物还倾情守护着家乡的一种珍稀花卉——崂山百合，又名青岛百合，被列入国家第二批稀有濒危植物名录，现存不到 5 000 株。

青岛市崂山系麓生长着 2 000 株左右百合，是国内生长最集中也是最茂

城阳野生动植物保护协会志愿者开展保护野生动植物相关知识科普讲座

盛的地方。但很多游客不知道崂山百合是珍稀物种，经常觉得“好看”便随手一摘，却不知这样的行为会对原本数量稀少的崂山百合雪上加霜。

对此，徐立强不厌其烦地宣传，告诉游客崂山百合不适宜庭院盆栽，连根薅出的崂山百合难以成活，同时加强普法宣传，使私采滥挖得到有效遏制。

徐立强发现，想要真正做好野生动植物保护，需要正规的场地。但他的志愿者团队没有官方编制和经费，想要建立建设百合保育园、鸟类救助站和开展普法宣传培训等工作，存在资金不足等问题。为此，他甚至卖掉了婚房，累计投入 80 余万元，仍无怨无悔。

众人拾柴火焰高。自 2015 年起，徐立强广泛开展多种形式的环保公益宣传活动。

在青岛市为孩子们讲授野生动植物保护知识，开展“青岛为鸟安家”行动，用生活中的废弃物制作各种生态环保、美观宜居的鸟巢，悬挂于山林、湿地和入海口，招引鸟类营巢、繁衍，累计制作的鸟巢已超过 10 000 座，参与志愿者超 30 000 人次。

这些年，徐立强通过常态性进校园、进社区等活动，每年开展上百次的野生动植物知识全民科普。2017 年 9 月，徐立强发起为期 3 个月的青岛市首届珍稀野生动植物生态保护科普巡展，将十几年来发现和保护的 200 多种珍稀鸟类和 500 多种珍稀植物制作成图片展板，深入学校、企业、社区、商场等进行科普展览，增进了人们特别是青少年关爱生态、保护自然、珍爱野生动植物的自觉性和主动性；2018 年，在城阳区与甘肃陇南地区进行结对帮扶活动中，为陇南当地小学开授科普教育课、捐助科普教育书籍，并通过发起公益众筹的方式，资助陇南学生来青岛进行生态研学等，参加并服务首届中国野生植物保护大会，国际植物保护战略研讨会。在今年新冠肺炎疫情发生后，“非法买卖野生动物”再次成为热点话题，徐立强及其志愿者团队制作了十余版禁食野味抗击疫情的宣传海报，通过线下发放禁食野生动物宣传海报，线上科普宣传并开展巡护巡查活动数十场。

这些年来，让徐立强十分欣慰的是，许多早期加入的志愿者，有的进入高中、有的进入大学，虽然学业比较忙、所学专业与野生动植物并不相关，但他们依然继续参与志愿服务。他希望和同伴一起走下去，为保护绿水青山贡献自己的青春力量。

中华农耕开新花

| 林杉 |

作为国际贸易领域的精英，张志敏通晓数门外语，她曾任职于中国驻外使馆。然而，有感于大量使用农药化肥对环境的影响，自 2001 年起，张志敏在北京郊区承包了 150 亩地，她要把自己变成农民。她要求不许使用化肥农药。她说："我要走出一条新农民之路，在农耕实践中不断找寻、认识中华农耕文明，创新农耕生活方式，与自然合作、管理并保护生物多样性。"

"志敏解字"

张志敏生在城市，长在校园，四十不惑，开始务农。白天，她劳作，耕农田；夜晚，她读书，耕心田。初建天福园生物多样性农庄时特别需要指导。她想起中学课本中提到的《齐民要术》是中华农耕必读书，也是在农耕生活中保护生物多样性的指南和生活手册。阅读后，发现这本书就是她想要的"菜谱"，不仅教耕田、收种、种植，还教各种食物加工。

为了种好大白菜，张志敏的农庄养了家禽家畜，供应农家肥。起初，尝试并不顺利，但她种的大白菜长得像娃娃菜，十几棵的重量才能达到一棵普通白菜的重量。农工十分肯定地说："不用化肥，长不好。"可是，在没引进农药化肥之前，老祖宗们种的白菜也可以长得很好。这是什么原因？张志敏读《孟子》，读到"不违农时，谷不可胜食"，深受启发。她向老农民请教什么时候适合种白菜。老农民不识字，口念农谚："头伏萝卜，二伏菜。"她记在心里。第二年，她抓紧农时，和农工一起播种。这一年，立冬砍白菜，白菜获得大丰收。二十四节气、农谚，是中华民族宝贵的无形财富，世代相传，可享用不尽。

在农耕实践中，张志敏懂得了农业是人类生活，与自然合作、管理并保护生物多样性，是人类的天赋使命。

一天，张志敏在蟠桃林锄草。看着锄头下不断被翻起的草和土，她忽然眼前一亮：多么奇妙的“土”啊！在她看来，“土”字的“下横”表大地；“竖”表植物、大地上生长的各种植物；“竖”上的“横”表一切赖植物生存的人和动物。土不是一种简单的物质，而是生命共同体，在这个生命共同体中，人和动物赖植物生存，并必须与植物和大地保持和谐，世世代代生活在大地上。年过不惑，张志敏用锄头完成了汉字启蒙，锄草成为了乐事。

“志敏解字”，帮她开启了通向中华农耕文明宝库之门。

张志敏对庄园设计规划了涵养区，多年后茂密的树林成为野禽的繁殖地。天福园初建时，由于每年蚜虫、刺蛾、椿象富集蟠桃树、苹果树、梨树。但随着生物多样性的提高，农庄生态系统功能的形成，不仅虫害富集情况消失，而且植物对虫害有了抵抗力。2011 年，当地发生严重的美国白蛾虫灾，很多树木光秃秃，喷药车每天不停地喷洒消杀。美国白蛾也入侵了天福园，但那里依旧郁郁葱葱。

天福园建设至今 20 年，从不用化肥农药，适量饲养的家禽家畜可为土地提供安全的肥料，散养放牧的家禽家畜可吃虫吃草。农庄内的多种植物为各种鸟类提供可靠食物源和栖息地，鸟类繁多；近百种野生草类恢复生长，草丛中生活着无数昆虫。在“万物自生”中，张志敏领悟到，生物多样性是大自然的创造；从“耕而树艺”中，她领悟到管理生命应有所遵循，有所敬畏。

“把根留住”

千百年来，“斩草除根，勿使能殖”的农业技术，加上森林砍伐，导致昆虫、动物的栖息地被破坏，大地上的生物多样性受损。

复兴中华农耕文明，就要从“把根留住”做起。为此，张志敏改锄草为割草，不再用旋耕机。为了能够较少地破坏正在形成的植被，她教农工采用“条形码”式耕种，不种的地方不耕。每发现一种“新”草，她都会把农工带到“新”

草前一再嘱咐：“千万不要锄掉这棵草，要让它繁殖。”

有外国专家听说北京有个十年没用化肥农药的农庄后，执意要来参观。在天福园生物多样性农庄，他脚踏肥沃松软的土壤、看到厚厚的壤土层、随处可见的蚯蚓洞、满地蚯蚓粪，丰富的植被，不禁手舞足蹈。久耕必贫？未必如此。正如古人所说：“观草木，肥跷之势可知也。”古人尊重“土由肥跷”，因地制宜地安排生产生活。

天福园努力让生物多样性农庄生态平衡，拥有健康的土地、健康的植物、健康的动物、健康的生命。张志敏还创办了有机生活俱乐部，向更多人分享农庄的美味健康食物，并在 2010 年推动成立北京有机农夫市集，让更多人参与保护生态的生活。十多年来，天福园不仅在北京有机农夫市集为“集友”消费者提供健康美味的食物，还利用每次市集与“集友”分享中华农耕文明、生物多样性保护、与自然合作管理生命等理念和农耕实践经验。2012 年，张志敏在成都召开的国际有机农业高峰论坛被特别颁发了“最佳有机农业追梦者”奖。

“花儿绽放”

在中华农耕文明的引领下，张志敏用近 10 年的时间建成了有生态系统功能的生物多样性农庄。

这里接待了国内外从小学生到博士研究生的参观实践活动，还接待了法国、德国、加拿大、日本等国家有机农民协会参观交流。这里还举办了“亲子农耕”“耕食教育”“生态农民培训”等多种形式农耕教育活动。很多来访者说：“仿佛走进了世外桃源。”

这里是百花园、百果园、百草园、百鸟园。这里用连翘做甬道、用蔷薇做屏风、用榆树做篱笆、用玫瑰点缀农田。这里有苹果、蟠桃、樱桃、西梅、海棠、杏、梨、李、桑、核桃、山楂、巴达木、树莓、花椒，这里也有玉兰、木槿、杨树、柳树、椿树、构树。这里每年轮作、间作着多种粮谷、杂豆、红薯、马铃薯、各种蔬菜。这里还有不胜枚举的上百种野生草类。

张志敏在农耕实践中不断找寻、认识中华农耕文明，创新农耕生活方式，走出了一条新农民之路。

团队篇

祁连山觅豹记：难得的相遇令人格外珍惜

| 匡匡 |

成为一名雪豹调查者之前，牧民阿诚已在祁连山上放牧多年。

2011 年 4 月，北京林业大学在祁连山调查雪豹，需要一名当地向导。因为路熟、眼力好，31 岁的阿诚被推荐给调查团队。项目持续数年，他也完成了从牧民、兼职护林员、专职生态管护员到雪豹调查者的职业转型。

布设红外触发相机（以下简称红外相机）与粪便 DNA 分析，是雪豹调查最有力、有效的方法。因此，在野外架设红外相机、回收影像数据、统计分析，是包括阿诚在内的基层雪豹调查者的主要工作。

然而这项工作远比想象中艰难。因为雪豹调查只是一线管护员繁重工作的一部分，以祁青管护站为例，6 位工作人员，管理面积达 200 万亩，除了野生动物调查，还有森林巡护、防火、反偷猎、资源监管等工作。

因为工作繁重、条件艰苦，年轻人对“雪豹调查”望而生畏：工作地山高路远，近乎与世隔绝；交通不便、出行主要靠摩托车和步行，早上出门巡护，晚上才能回来，夏天常在野外过夜；气温低，冬天最低温达零下 30℃；吃不上新鲜蔬菜；找对象难、离婚率高……

除此之外，偶尔还有生命危险，例如和豺群的一次不期而遇，就让阿诚至今心有余悸。

2017 年，阿诚与祁连山国家公园管理局张掖分局野生动物管理科科长马堆芳一起，在名为小柳沟的地方做野外调查时，就曾遭遇 9 只豺的突袭，他们只得退守车上，紧闭车门。后来我们把车窗开了道缝，往远处扔了半包香烟，

雪豹调查

转移了豺的注意力，这才开车跑了。

而管护员赵尚宏和马雪刚的遇豺经历则更为凶险。2018 年 7 月，两人在野外巡护时，与 11 只豺组成的豺群狭路相逢。在豺群的追逐中，两人骑摩托车逃命，因为害怕，把摩托车骑翻了，幸亏当地派出所的一辆皮卡路过，两人丢下摩托爬上车斗，豺在后面又追了 2 000 米。

"有的年轻人就算考上了（管护员岗位），也不会来这里工作"，马堆芳说。工作环境差、资金短缺、缺少新鲜血液加入，成为困扰一线雪豹调查者的最大难题。

像阿诚这样的基层巡护员很难得。阿诚第一次见到雪豹是 2013 年，那是他漫长且平淡的放牧生涯里，少有的一段精彩谈资。越过山梁，和一只雪豹不期而遇时，距离只有 50 米，雪豹身上的纹路都清晰可见。短暂对峙后，雪豹跳下石岩，消失在远处。

这样的目击场面极其稀少，更多时候，阿诚只在红外相机的照片里，才能近距离观察这种雪山精灵。在野外发现的雪豹尿痕附近，阿诚会架设红外相机，"有动物路过时，就会触发，拍摄 3 张照片和 1 段视频"。

理论上一部红外相机一个工作周期（3—4 个月）可采集 2 000 多张照片和 800 多个视频。但要获取这些数据不是件容易事：保护区绝大多数区域没有网络信号，需由管护人员深入野外，手动更换相机存储卡和电池。

"回到管护站后，先把存储卡里的资料导入电脑，再进行人工筛选、标注、记录"，包括手动记录相机坐标、工作状态、动物种类等参数，阿诚说，"经过挑选，有价值的资料只占 60% ~ 70%。"

收放相机的过程持续 20 天至 1 个月，最终形成一个 50G 左右的文件，通过硬盘送回数百千米外的张掖。然而，数据的旅程并没有结束，在张掖分局野生动物管理科，它们将再次经过人工筛选、标注，最后录入系统。

这是一项耗时巨大的工作，"统计一年的数据，我们大概要花半年时间。"马堆芳说。

据了解，祁青管护站辖区共架设有红外相机 21 台，数量是几年前的

红外相机里的野生雪豹

1/4，只能保证几个样区的布设。而只有通过大量的数据比对，才能做到雪豹的个体识别，计算出其种群数量。

点位逐年减少，有的是自然损耗，比如恶劣天气和动物的破坏，但主要原因还是与人手和经费有关。

此外，在雪豹调查、相机架设、拍摄技能等专业度上，绝大多数基层管护员也达不到阿诚那样的水平，这为雪豹基础数据的采集增加了不可控因素。

基层保护部门能力不足，制约了信息收集和保护行动的开展。马堆芳面对的难题，同样也困扰着他的伙伴，世界自然基金会（WWF）中国西部区域高级项目经理何欣。

全球现存多少雪豹？何欣给出了一个参考：3 000 ~ 8 000 只。

这是一个缺少基础数据支持的估算，原因是“中国雪豹调查覆盖面积，仅占其栖息地的 1.7%（全球为 2%）”。

何欣认为，正因如此，雪豹调查势在必行。“雪豹是唯一一种主要分布于中国的大型猫科动物，处于食物链顶端。雪豹数量稳定，意味着食草动物种群的稳定。它的种群变化，意味着母亲河水源涵养健康度的变化。开展雪豹栖息地、种群密度调查的意义重大。”

像阿诚这样的基层巡护员在其中发挥了重要的作用。“没有通过一部部红外相机采集、汇总而成的基础数据库，雪豹调查终将是空中楼阁。”马堆芳说。

与猿相伴

| 吴建清 |

万木逢春，一场春雨后，大地变绿，无量山峰峦叠翠，山花漫野。一棵高大的马樱花树上，一只黑色长臂猿动作娴熟地采下一朵朵红彤彤的马樱花，塞进嘴里津津有味地享用起来。另一根树枝上，一只金黄色的长臂猿正在安抚胸前哼哼叽叽的幼猿。

马樱花树上的这一幕，被几米外的刘业勇轻轻摄进了相机里。

这是一个习惯化了的长臂猿家庭。

习惯化，是动物研究的一个专业术语，是指让野生动物适应人类的存在，从而开展更加高密度的观察研究工作。习惯化简单来说就是让动物熟悉人，通过人工长期跟随，使动物在与人近距离接触时不会惊怕。

习惯化，是对西黑冠长臂猿开展保护的第一步。只有这样，才有可能长期观察西黑冠长臂猿，积累基础的科学数据，从而进行相关分析、研究，采取有效的保护措施。

而刘业勇，正是凭借 18 年来坚持不懈地追猿，成为让西黑冠长臂猿习惯化的守护神。

无量山位于云南省普洱市景东县境内，蕴含着丰富的物种资源，生态系统稳定，森林至今保持着最原始的状态，为长臂猿、灰叶猴、斑羚等动物提供了一个食物充足、舒适安全的栖息地。

西黑冠长臂猿是国家一级重点保护珍稀濒危动物，因冠毛直立高耸而得名，目前世界上只在海南大黑山和景东无量山发现。海南仅有 30 多只，而无量山自然保护区有 89 群 500 多只。因此，无量山也被称之为“中国黑冠长臂猿之乡”。

无量山深处，有个叫大寨子的古老村落，清一色的石板砌成的屋子，堪称一绝。长臂猿观测员刘业勇就是大寨子的村民。2002 年，16 岁的刘业勇辍学回到无量山。生活贫穷困顿，一筹莫展的刘业勇找不到一条生存之路。

每天黄昏，劳作一天的刘业勇会眺望屋子对面高高的无量山。无量山涛声阵阵，刘业勇似乎听到一种鸣叫。冥冥之中，似乎已有方向。

2003 年 3 月，中国科学院昆明动物研究所研究员蒋学龙派自己的学生博士生范朋飞来到大寨子，刘业勇的人生因此改变。

少年刘业勇动作敏捷利索，一双锐眼透着灵气。当范朋飞问刘业勇愿不愿意做自己的助手时，刘业勇有些吃惊，他不知道只上过初中的自己能帮这个知识渊博的博士干什么。

在森林里追长臂猿，让长臂猿随时看得见你，习惯你的存在。听范朋飞介绍完，少年刘业勇觉得好笑，追猴子也是工作?

尽管生长在无量山，但少年刘业勇从来没听说过西黑冠长臂猿，更不知道这是比大熊猫还要稀少的国家一级保护动物。

长臂猿是我们国家仅有的类人猿，它们体型最小、行动敏捷，是仅次于人类的高级灵长类动物。长臂猿没有尾巴，因其手臂特别长而得名，它们身高不足一米，手臂伸长却能达到 1.5 米，长臂猿从身体构造上有许多方面与人类相似。

听完范朋飞的讲解，少年刘业勇欣然同意。追长臂猿，应当是份好玩的工作，还有工资挣。于是他蹦蹦跳跳跟着范朋飞进了山。

范朋飞和刘业勇在浩瀚无垠的森林里转了好几天，攀上陡峭的山崖，涉过清澈的涧流，踏过长满苔鲜的丛林……遇见色彩斑澜翩跹起舞的锦鸡，他们撞上头部长着架角的黄麂子……遇见好多种动物，唯独长臂猿踪迹难觅。

脚起了泡，衣服被刮破了，疲惫不堪的刘业勇到底还是个孩子，脸上露出沮丧。范朋飞便给他鼓气，长臂猿是大森林的守护神，所在之处，必定是最生

无量山大寨子观测站简介牌　（吴建清　摄）

吴建清与刘业勇　（吴建清　供图）

态的地方。使长臂猿习惯化，便能更好观察它们、研究它们，从而找到保护它们的最好办法。保护好长臂猿，就保护了无量山，保护了大寨子。

知识渊博的范博士不畏艰苦，离开繁华都市，一头扎进这深山老林中。少年的心被触动了，他朝掌心吐口唾沫，搓搓双手，后退两步，再往前猛冲，欻欻欻一动作麻利地爬上高耸挺拔的铁杉树，一只手拽着树干，另一只手冲树下的范朋飞比了个剪刀手的姿势。望着孩子气十足的刘业勇，范朋飞舒心地笑了。

长臂猿终于出现。那天早晨，范朋飞和刘业勇深一脚、浅一脚地穿行在晦暗的林子中，林子愈来愈茂密，头顶上方的树枝垂下来，如同黑色的帷幔。这时，一种悠长嘹亮的鸣叫传入他们的耳膜，接着，他们感觉头顶上有风掠过，树影晃动起来，抬起头，只见高高的树上，几只长臂猿腾挪跳跃，好不热闹！范朋飞和刘业勇的手不由自主地攥在一起，两个人的眼睛都潮潮的。

然而，被无量山的老人们称为风猴的西黑冠长臂猿机警敏捷，一有风吹草动，便迅速遁入密林之中，逃之夭夭。而且，长臂猿觅食、睡觉、繁殖都在高高的树冠上完成，从不下地，臂荡如风，一荡就十来米远，想要靠近它们，使它们习惯化，难上加难。

长臂猿在树上飞，范朋飞和刘业勇在地上跑。

密密匝匝的林子处处是路，险峻的坡轻轻一跃……仿佛脚下生风。

动如脱兔，身手矫健，活泼机灵，聪明好学……对这个飞毛腿助手，范朋飞眼里的赞赏一天天在增加。这个聪慧少年不只是一个普通的助手，完全可以造就一番天地。

范朋飞开始教刘业勇相关知识。他说，无量山是最好的课堂，拥有比书本上还要浩瀚渊博的知识。刘业勇体会到范博士对自己的厚望，而且，追猿的这些日子，繁密森林里无穷无尽的奥秘也深深地吸引着他。很快，刘业勇领会了不少生物学知识，能说出灵长目、旗舰物种等专业术语。

刘业勇和范朋飞见到长臂猿的次数愈来愈多，长臂猿停留的时间也愈来愈长。

2005 年 3 月的一天中午，刘业勇和范朋飞在一棵石栎树下把苹果当午饭吃。范朋飞不经意抬起头朝上看了一眼，这一眼瞬间定格——一只黑色长臂猿正拿眼睛牢牢地盯着他。范朋飞全身的血直往上涌，他有点眩晕，不相信这是真的。专业知识使范朋飞意识到，这是一只在族群里占有重要地位的雄猿，一丝风吹草动都会让它逃之夭夭。范朋飞按捺住内心的狂喜，按照森林的礼节向长臂猿行礼，纹丝不动，眼睛不眨，只有一个视点，脸上浮着僵持的微笑。5 秒，10 秒，20 秒……范朋飞让自己成为一尊雕塑！

正吃得津津有味的刘业勇感觉到异样，他停止吃苹果，屏住呼吸。时间一分一秒地流逝，这只后来被范朋飞称为“大老黑”，与他们成为莫逆之交的长臂猿不但没有像往常那样逃走，而且，范朋飞和刘业勇还听到头顶上有其他长臂猿在无畏地跳跃。

长臂猿终于被习惯化了！

700 多个日子的艰辛与等待在这一刻终于有收获，成功的喜悦让范朋飞的眼泪哗地涌了出来。刘业勇也流泪了，他觉得这一刻神圣极了。

刘业勇和范朋飞共同完成了世界上第一群野生西黑冠长臂猿的习惯化，开创了中国不投食习惯化西黑冠长臂猿的先河。

这一天，无量山沸腾了，大寨子沸腾了，所有的人沸腾了，通宵达旦，载歌载舞，把酒言欢。面对这份沉甸甸的“成人礼”，刘业勇豪迈地一饮而尽。

正如英国著名的动物学家珍妮·古道尔说：“唯有了解，才会关心；唯有关心，才有行动；唯有行动，才有希望。”长臂猿成功习惯化，范朋飞又带着刘业勇紧密锣鼓地投入到对其的研究工作中。按照范朋飞的要求，刘业勇每 5 分钟就要做一次监测记录，进食、理毛、戏闹、打盹……

范朋飞要求刘业勇逐步认识无量山上的动植物名称，只有这样，才能有效了解西黑冠长臂猿的生存习性、食物喜好、活动范围等。植物的形状不好记，刘业勇便给它们起各种各样的“小名”，然后死记硬背下来，等研究植物的专家过来时再详细请教。植物的用途太广泛，刘业勇就编各种顺口溜帮助自己记忆。日子久了，刘业勇对西黑冠长臂猿达到了惊人的熟悉程度。只有初中毕业的他和科学家们一起发现了西黑冠长臂猿喜欢的食物及其分布秘密。这个秘密就是，西黑冠长臂猿是树栖动物，它们几乎不下地，吃喝拉撒睡都在树上。而且，它们只吃植物的花、果、嫩叶，也吃虫卵和鼹鼠等小动物，渴了喝树叶上的露水。因此，他们把西黑冠长臂猿称为君子猿。他们还发现，西黑冠长臂猿的栖息地生态存在危机。西黑冠长臂猿最喜欢原始森林，但偶尔也会去次生林栖息。由于保护区周围放牧过度，导致次生林生长缓慢，必须对次生林的恢复进行人工干预，种植西黑冠长臂猿喜食植物，才能尽快改善其栖息环境。

2006 年 5 月，范朋飞顺利完成他的博士研究，依依不舍告别无量山。

黄蓓、管振华、刘国庆、马驰、牛晓炜……一拨又一拨，刘业勇成了这些科研人员的得力助手，他带着他们继续追猿。

刘业勇积累的十万多条数据记录，为无数国际动物学界著名学者的科研著作提供了珍贵的第一手资料，同时也为建立西黑冠长臂猿保护生态走廊提供了重要的数据基础。刘业勇辛勤付出得到了肯定和回报，2015 年 6 月 5 日，第 44 个环境日，刘业勇获得 SEE 生态奖。

18 年追猿生涯，让刘业勇与长臂猿成了相互信任的老朋友，也让他拥有了一个充满敬意的名号——“无量山人猿”。他，当之无愧！

用教育保护自然　我们在行动

| 王西敏 |

自然里的孩子

2020 年夏天，我和朋友带着她 5 岁的孩子一一，在上海市杨浦区新江湾城湿地公园散步。一一穿着妈妈特别印制的上海 6 种常见鸟类的 T 恤。如果你想考考她那些是什么鸟，根本就难不住她。她可以飞快地告诉你：珠颈斑鸠、麻雀、棕背伯劳、乌鸫、戴胜和白鹡鸰。走在江湾湿地的小路上，她对路边的常见植物“八角金盘”“大花吴风草”“春飞蓬”随口道来。一一的妈妈是一名自然爱好者，经常带孩子到户外玩耍，也参加各类自然教育活动。妈妈还经常带一一在自家小区寻找“宝藏”：认识南天竹的“红宝石”，沿阶草的“蓝宝石”，还有各种常见的野花野草和鸟类，观察后回家一起画下来。

像一一这样对身边的动植物如数家珍的孩子还有很多。在今年 4 月举办的第 16 届上海市民观鸟比赛中，我被一群小学生打败了。那群孩子凭借超乎寻常的热情，奔跑在世纪公园的各个角落，记录着他们所看到和辨认出的每一种鸟，有的甚至拿着相当专业的相机拍摄着鸟类作为记录。

有着近 20 年观鸟经验的我，倒是非常“佛系”，一点也没有觉得难堪。因为，这就是我从事自然教育工作这么多年来希望达到的目标。我很高兴看到梦想成真的一天。

一本书带来的改变

说起我和自然教育的渊源，可以上溯到 2006 年。当时我还在美国威斯康星大学斯蒂芬角校区攻读环境教育及解说硕士。那时，国内外基本上还没有“自然教育”这一提法。老师向我们推荐了一本刚在美国出版的书——《林间最后的小孩》。书中提出“自然缺失症”的概念，意思是说，美国的孩子受到电子产品的吸引及城市化发展的影响，越来越缺乏和自然的接触，进而产生了一系列的身体和心理问题，比如肥胖症、多动症、容易抑郁、缺乏合作意识、不能承受挫折等，同时，自然保护也会因为缺乏支持者而陷入困境。作者理查德·洛夫指出，在孩子们成长的过程中，必须要为他们创造出足够和自然接触的机会，确保孩子的健康成长，并培养一代关爱自然的人。

这本书让我深感震惊。在当时的我看来，书中列举的种种“自然缺失症”现状，在中国同样存在，并且相当严重，但是却很少有人关注此类问题。回国以后，机缘巧合，我和民间组织“自然之友”以及当时国内环境教育的倡导者郝冰老师一起，把这本书翻译成中文并出版。而我自己，则在当时工作的中国科学院西双版纳热带植物园，开始更多的实践。我和同事们设计了很多课程，让来植物园的学生团体和亲子家庭能够更深入地体验西双版纳的热带雨林，而非简单地走马观花。我们还组织观鸟、夜游、自然笔记等活动，突破了 “植物园的科普活动就是围绕植物认知”这一传统观点。渐渐地，一到寒暑假，很多机构慕名组团来植物园参加我们的活动。

《林间最后的小孩》在国内的受欢迎程度，超出我的想象。据我了解，当时已经有些朋友开始组织孩子到户外开展收费性的自然体验活动，但参与者不多。因为很多人无法接受去外面“玩”还要交除门票以外的费用，还会与旅行社较低的收费进行比较。为了吸引更多家庭，一些组织者会向家长赠阅这本书。家长阅读后，认可了书中的观点，进而愿意参加此类活动。这种带着孩子到大自然里去的活动被大家称为“自然教育”，受到广泛的认同，而一批专门带孩子们进行自然体验的机构就这样通过收费生存了下来，并开始逐步成长。

2014 年，我和自然教育机构萌芽较早的北京、上海、杭州、厦门、昆明等地的朋友，在厦门举办了第一届全国自然教育论坛，共同探讨自然教育的意义和价值、课程开发、人才培养等议题。这一模式一直延续至今，到 2020 年

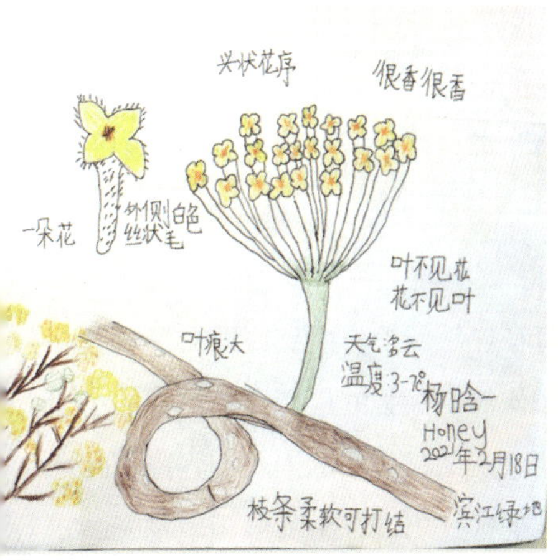

——小朋友画的自然笔记——结香
（王西敏　供图）

孩子们用游戏的方式模拟种子的传播
（王西敏　供图）

已经举办了7届，成为国内规模最大、水准最高的自然教育会议，每年参与人数近千人，并由此成立了“全国自然教育网络”，我也有幸成为其中一名理事，参与了众多会议的筹备工作。

自然教育的目的是保护自然

自然教育在中国的兴起给公众参与自然保护带来了很大变化，组织参与者在晚上观察青蛙、昆虫、猫头鹰、蝙蝠以及夜晚开花的植物。这种新奇的体验很受欢迎，全国多地都在举办，特别是在夏夜，观看萤火虫成了热点。受城市化等因素影响，适合萤火虫的栖息地逐渐减少，夜游看到萤火虫的概率相对较低，偶有邂逅，无论对孩子还是家长都是巨大的惊喜。自然教育从业者就会向参与的家庭介绍萤火虫的生活习性，讲解为什么现在萤火虫少了，我们能为此做些什么。与此同时，总有些商家为了吸引游客，搞“放飞萤火虫”的商业活动。这些萤火虫往往来自野外捕捉，极大地破坏了当地生态。所谓的“放飞”之后，萤火虫也难以生存，很快就死亡了。此类活动抓住了公众喜欢看到萤火虫的心理，一度受到市民欢迎。然而，随着越来越多的人对萤火虫的生活环境和习性的了解，只要有人组织这样的活动就会招来大范围的抵制，并被相关监管部门叫停，可谓“人人喊打”。在这个现象的背后，公众环境保护意识的提高缘于多方面因素，但我乐观地相信，“夜游”等自然教育活动也发挥了相当积极的作用。

由于自然教育主要面向低龄孩子，在国内发展的时间也不过10年的光景，现在还很难有更翔实的数据来证明，自然教育在自然保护方面到底取得了哪些成效。但是，类似一一这样的小朋友给了我和伙伴们极强的信心。而这样的小朋友，越来越多地出现在云南的高黎贡山和西双版纳、广西的崇左和弄岗、四川的唐家河和王朗、江西的婺源和鄱阳湖等保护区；出现在上海辰山植物园、杭州植物园、武汉植物园、广州海珠湿地、深圳华侨城湿地等城市的公园和湿地；甚至更多地出现在小区花园、街心公园、校园绿色角这样小小的角落，用心去观察一片树叶、一只昆虫和一只飞鸟，眼里闪烁着好奇的光芒。这样的光芒鼓励着我们在自然教育的道路上继续前行。

在自然教育领域，我们一直推崇在世界上享有极高声誉的动物学家珍妮·古道尔的那句话：“唯有了解，才会关心；唯有关心，才会行动；唯有行动，才有希望。”用教育保护自然，我们一直在行动。

水清岸绿　黑鹳飞来

| 王琳琳 |

当初冬的太阳刚刚升起，拒马河尚未结冰的水面上，还翻腾着白色的雾气。河水清澈见底，水底的鹅卵石和水草都清晰可见。此时，一只只黑色大鸟不断降落水面，鲜红的长嘴、长腿、眼斑都格外醒目。它们或引吭高歌，或不停地煽动着翅膀，一幅热闹生动的场景。

“1、2……16、17 只。”河边的芦苇荡里，北京黑豹野生动物保护站的队员们激动地数着。从 2000 年开始在拒马河边保护黑鹳以来，这是他们第一次拍摄到如此大规模的黑鹳“相亲”场景。

从 20 年前的三五只，到如今高峰时最多的 70 只左右，北京黑豹野生动物保护站的队员们见证了黑鹳种群的繁衍变化，也见证了京郊一带生态环境的逐步改善。

从垃圾成堆到“黑鹳之乡”
拒马河流域生态环境逐渐改善

黑羽白腹、红喙红腿，在河湾浅滩间，时而优雅涉水觅食，时而成群结队遨游天空，体态优美、活动敏捷，它们就是被称为“鸟中大熊猫”的国家一级保护动物——黑鹳。

作为对生境极为挑剔的环境指示性动物，黑鹳不仅要有合适的筑巢条件，而且觅食水域也要食物丰富、水质清澈。目前，黑鹳在全球仅约 3 000 只，我国约有 1 000 只。

在北京，黑鹳主要的栖息地之一是房山区的大石河流域和拒马河流域。“拒马河一带的山体是喀斯特地貌，黑鹳恰恰喜欢把家安在裸露的岩石峭壁上。拒马河以浅水、浅滩为主，符合黑鹳取食的特征。”黑豹野生动物保护站站长李理介绍说：“从现在起到明年 2 月份，是黑鹳集群‘相亲’的阶段。大概明年 3 月初，黑鹳开始修复巢穴，3 月中下旬开始产蛋，4 月就孵化小鸟了。”

随着生态环境不断向好，目前北京的黑鹳种群数量稳中有升，达到 100 只左右。黑鹳还从房山扩散到门头沟、大兴、海淀、丰台、怀柔、密云、延庆等区。不仅如此，河北的保定、石家庄，天津的北大港及海岸线附近的河流和滩涂，都有黑鹳的身影。

然而，20 年前，李理和团队成员刚驻扎拒马河畔时，这里的黑鹳数量只有三五只，生态环境也远非现在的状态。

那时候，河畔两岸堆满了建筑垃圾、生活垃圾，水面上停放着许多竹筏和快艇。有的老百姓为了洗车，甚至还会把车开到河床上。

如今，随着生态环境保护政策不断完善，人们的环境意识也逐渐提高。拒马河不但又有水了，河边的垃圾也不见了。来此繁衍生息的动物越来越多，拒马河的生态功能也越来越好。

房山区生态环境局环境管理科负责人梁新介绍道，为了守护好自然生态，近年来，北京市房山区大力推进碧水攻坚战，对大石河、小清河、拒马河流域全面摸排建账，严防企业偷排。目前，拒马河张坊大桥断面水质达到Ⅱ类，而大石河在 2021 年也达到Ⅳ类水体标准。

下一步，房山区生态环境部门将进一步提高辖区内水环境质量，让这里再现“碧波荡漾、绿水环绕、水中有鱼、空中有鸟”的景象。

从环境意识淡薄到主动保护动物
居民保护意识逐渐提高

因为在京郊一带从事野生动物保护与巡护工作，李理和他的团队一开始没少被误解。但李理一直记得老师——中国动物科学研究所副研究员解焱说的一句话，“保护野生动物就是要扎扎实实做好自己的事，同时尽可能吸引更多的人参与到保护工作中来。”

最开始从事野生动物保护宣传时，李理和团队的办法是向当地老百姓发放传单和宣传页。但是，李理发现，这种做法的效果并不好。“很多老百姓都把传单当作垫座位的纸，要么就是当废品卖掉。日常生活中，他们还是该打猎打猎，该驱逐驱逐。”

后来，李理和团队在 WCS、世界自然基金会（WWF）等机构的帮助下，开始寻求如何提高宣传效果，如何让老百姓发自内心地开展保护行动的答案。通过实践，李理和团队有了新收获：只有站在老百姓的角度思考和解决问题，保护野生动物才不是一句空话。

拒马河两岸有一些锦鲤鱼养殖户，他们一度被黑鹳常来觅食所困扰。李理介绍，“锦鲤鱼经济和观赏价值高，单条平均售价高达上百元。而黑鹳一次能吃四五条，有时甚至五六条，养殖户们损失巨大，苦不堪言。”

后来，李理给养殖户提建议：加高鱼塘高度，让黑鹳无法“唾嘴可得”。结果效果十分好，再也没有发生养殖户用鞭炮驱逐黑鹳的现象了。

借助当地的旅游热潮，拒马河畔还曾经出现过很多“野味餐厅”，主打河里游的鱼虾，山上跑的野鸡、兔子等。但是，因为竞争同质化以及经营时节的短暂，“野味餐厅”的生意并不好做。

为了说动这些老板放弃野味，黑豹野生动物保护站找到其中一家餐厅的老板董海，动员他将“野味餐厅”变为“生态餐厅”，由保护站介绍观鸟、拍鸟的市民来家里吃住，这样一年四季都有生意。

刚开始，董海还持观望态度，但等他的“生态餐厅”重新开张，门口摆上了鸟类知识宣传板，店里的菜单也焕然一新后，生意比以前好多了。

“后来，老板们争相找上门来，请我们帮忙将餐厅变成‘生态餐厅’。”李理说，“老板们的保护意识逐渐提高，因为他们明白，如果河里的鱼和山上的野生动物没有了，游客不来，生意也就做不下去了。”

从栖息地割裂到动物廊道修复
京郊生物多样性逐渐丰富

“守护黑鹳 20 年，我们不仅守护与见证了黑鹳的繁衍与变化，也见证了京郊一带生态环境质量的改善与提高。”李理感慨地说。

前几天，黑豹野生动物保护站团队回收了放置在房山、延庆、门头沟等地的 120 余部红外检测相机。相机拍摄到的内容，令李理和团队惊喜异常——包括斑羚、狍子在内的多种野生动物的身影出现在照片中。

斑羚是国家二级保护动物，由于生性胆小以及栖息地被割裂成小块，在北京郊区难得一见。近年来，北京及周边地区的野生动物栖息地逐渐得到修复，让斑羚等野生动物也有了更好的迁徙、繁殖环境。

以永定河综合治理与生态修复为例，北京近年来连续推进“一条生态走廊”建设，旨在将永定河干流自上而下形成的 170 千米溪流—湖泊—湿地，连通成一条绿色生态廊道，官厅山峡段形成百里画廊，平原段森林湿地不断线。

而有着数百年开矿采煤历史的房山地区，为保护生态环境，不仅关闭了辖区的大部分矿山，而且加大了对废弃矿山生态修复治理的力度。

“现在即使是白天，在山上也能看见斑羚、野猪、猕猴和獾，而以前必须通过红外相机才能看到。”李理说。

李理希望，有朝一日，如今生活在山西、河北一带的华北豹，能够通过动物廊道迁徙回来。这是他守护的终极梦想。

湖口有支江豚巡护队

| 裴平 |

拂晓，天边泛起一抹鱼肚白，小艇拨开细浪，缓缓驶向江心。把舵的船家名叫张传国，是江西省九江市湖口县双钟镇渔民，已在长江上漂了 40 多年，祖祖辈辈以打鱼为生。

2020 年 1 月 1 日起，长江干流江西段和鄱阳湖水域开始了为期 10 年的全面禁渔期。老张和往常一样，还是天不亮便起锚出港，只不过，手中拿的不再是细密的渔网，而是单筒望远镜。

作为民间组织、湖口县水上（江豚）协助巡护队的一员，张传国和他的 15 名同伴一起，一年四季活跃在长江水域，协助当地渔政开展江豚保护工作，守护鄱阳湖及长江湖口水域的水生生物。

“洗脚上岸”，转产转业

张传国是怎么加入巡护队的呢?

故事还要从江豚一路以来的悲惨命运说起。

“江豚以前并不少见，趁人不注意时，还会把系养在船沿边的鱼拱跑。”张传国回忆说。后来，渔网越织越密，材质从麻线变成尼龙绳，甚至出现大鱼小鱼通吃的电网，渔业资源日渐枯竭，江豚的食物链遭到严重破坏。一些滨江企业污水直排、污染长江，更是严重损害了生态环境，江豚数量锐减。

为了加强江豚保护，2017 年，全国首个保护江豚“协助巡护”示范点落户湖口，九江市也加快引导渔民洗脚上岸、转产转业。

巡护队员清理渔网

巡护队长周军琪（右一）

周军琪负责江豚守护队伍的具体筹建工作。彼时，在渔政部门工作了27年的他，刚刚从湖口县渔政局长的位置上退下来，因为管理过渔业工作，能喊出湖口80%渔民的名字，对鄱阳湖水域熟悉，再加上对江豚的热爱，他毅然决然地投入到“协巡队”的组建工作中。

“协巡队”队员的组建标准是什么？周军琪表示，第一，从渔民里挑选身体好、文化素质高的，要能顶得住高强度工作，适应工作要求；第二，选出有号召力的渔民，要在协助执法出现冲突时出面调解；第三，从湖口县各个镇乡中选拔，要能在整体工作中参与协调。

经过精心筛选和严格选拔，2017年6月15日，湖口11名渔民正式启动江豚协助巡护工作，成为江豚管家。

从“捕鱼人”变成“护豚人”，从“靠江吃江”转为“靠江护江”，张传国及其他“护江员”的身份之变，也折射着九江这座城市的发展之变。

一年四季护江豚

守护江豚并不是一件容易的事。

夏天，江面温度最高可达40℃，队员们罩着厚实而闷热的“江豚保护”救生衣，几乎每过15分钟，就要换个人开船。而冬天，江面上寒风习习、冷风刺骨，三四十千米的巡护下来，整个人都冻透了。

为了与渔政管理部门错开时间差，保证一周7天全巡护，协巡队特意安排在每周三、四休息，其余5天都在工作，并无国庆节、春节等节假日。

尽管辛苦，但巡护队员们无怨无悔。每天的巡护日记，记录了他们对江豚的深厚感情，甚至精确到分钟。

2020年11月13日，北风4级，天气晴

上午9点17分

当船巡护至牛头石水域，发现有一人在湖边垂钓，一人多杆，属生产性垂钓，协巡员们在对其进行长江禁捕十年行动的宣传教育后，将其

驱离。

上午 10 时许

巡护船到达都湖两县交界老虎头水域。由于鄱阳湖水位快速回落，以前沉入湖底的废弃渔网逐渐浮出水面，都昌马鞍村水域尤为突出，废弃渔网尤其多、清理难度较大。今天暂清了两个网蔸，100 余米网片。队员们一身水、一身泥，大家渴了就喝水，饿了就吃点干粮充饥。

上午 10 点 18 分

巡护船回航螺丝山水域巡护，途经屏峰令公庙水域时，发现有一件救生衣浮于水面，疑似伪装的渔网浮标，打捞上船后，发现下面有线连接渔网，一共三部。网里还有很多小鱼，全是江豚的美食。经请示，我们将三部渔网全部清理。

上午 11 点 30 分

船经屏峰矶嘴水域时，发现有江豚六口之家在欢快地跳跃。江豚是很有灵性的动物，好似欢迎我们凯旋归来，协巡员们心里暖暖的，感到所有的辛苦都是值得的。

在更多巡护员心里，能为长江水生态保护做贡献，是十分令人欣慰的事。

与此同时，湖口着力贯彻长江流域重点水域禁捕退捕决策部署，994 名渔民全部洗脚上岸。曾经是湖口县渔民的舒银安，如今也成了江豚巡护队队员，他高兴地说："政府帮我们买了社保，在这里每个月有 3 000 元的收入，觉得做这件事比以前更有意义了。"

一道霞光映江豚

"哪里有江豚，我们就出现在哪里。一旦有非法捕捞者或者其他破坏环境的行为，我们协助巡护队就和他们斗争到底。"周军琪说。

正是有湖口县江豚协助巡护队的日常协助巡护，积极参与配合渔政、公安部门打击非法捕捞，加强保护江豚的宣传，不仅增强了群众保护江豚的意识，也提高了社会参与力度。

截至目前，巡护队巡护里程 22 617 千米，观察记录江豚 420 头次，处置死亡江豚 5 头，举报挖沙案 2 起，同时，配合渔政、公安部门打击非法捕捞联合行动 14 次，查获电鱼案 5 起，查获禁渔期捕捞案 6 起，销毁定置网 12 部，清理清除禁渔期捕捞鱼笼 14 部，虾笼 78 个。

水好江豚来。农业农村部最新一次考察结果显示，长江江豚种群数量迅速下降的趋势已得到遏制，鄱阳湖江豚种群数量达 457 头，占长江流域江豚总数的近一半。

队长周军琪还荣获 2020 年全国“最美协助巡护员”一等奖、九江市“最美环保人”等荣誉。

滚滚长江奔流，碧波鄱阳湖浩渺，正见证这“水中大熊猫”——长江江豚焕发新的生机。

可爱的长江江豚

与“家门口”的江豚结缘

| 王世成 |

一个东部地区发达城市的城区里，生存着一种濒临灭绝的国家一级保护动物的野生种群，这有可能吗?

这样的例子的确存在。长江江豚是中国特有动物、国家一级保护动物，分布于长江中下游干流及鄱阳湖、洞庭湖，数量仅存约 1 012 头，被 IUCN 濒危物种红色名录评估为“极危”。而在江苏南京，繁华主城区的长江江段却稳定栖息着长江江豚野生种群。

5 年多前，在这里，我与长江江豚结了缘。

2015 年夏天，我来南京游玩，与几位未曾谋面但早在网上认识的朋友见了面，交谈得知他们刚刚与鲸豚类研究专家、南京师范大学杨光教授等专家学者以及热心人士发起了南京江豚保护协会。

“在南京能看到江豚吗? ”我有些疑惑。“能，但今天没看到。”担任协会副会长兼秘书长的姜盟回答我。这勾起了我的兴趣：我一直想从事野生动物保护相关工作。就这样，南京江豚保护协会改变我的人生轨迹。

入职协会后不久，我和协会理事武家敏老师一起去江边找江豚。武老师是位“老南京”，拍摄江豚已有近十年，对江豚活动规律相当了解。可没想到，他带我去了高楼林立的城区江边。我有些不可思议，城里就能看到野生江豚吗?

其实并不奇怪。2014 年，南京长江江豚省级自然保护区成立，范围涵盖了南京主城区的江段，一些岸线、沙洲的湿地环境得到了很好的保护，为长江江豚和其他野生动物提供了栖息地。

浮出江面的江豚

作者在江边为孩子们介绍江豚

走进学校宣讲江豚知识

武老师说：“你看，有个黑色东西冒出来，又下去了，那就是江豚。”我盯着看了好一会儿，只有辽阔的江面，一艘艘江船，还有两岸的高楼大厦；野生动物倒是看到有十多只黑鸢在空中盘旋，伺机寻找猎物，江里的“黑东西”却没看到。

“有了！有了！”武老师突然喊。我赶紧朝他指的方向看，江面真的冒出一个“大黑点”，仅一两秒钟又钻入水中，过了一会儿再次现身——有三四头呢！远远地虽看不清面目，但知道那是野生的长江江豚就足够兴奋了。找它们就像玩“打地鼠”游戏，不知何时现身、出现的方位也飘忽不定，只能静下心来，等待着江豚带来的惊喜。这种感觉让我久久不能平静。

过了不久，我第一次以“老师”的身份去一个小学宣讲。我问同学们，“你听说过江豚吗？”全班 50 多个孩子，举手的不到 30 人。这不意外，那时虽常有长江江豚的新闻报道，但相对熊猫、老虎、大象、海豚这些动物，江豚的知名度还太低。

不过我早有准备，我用孩子们更熟悉的海豚引入，对比形态差异让他们记住江豚的模样；用鲨鱼做对比，说明江豚也不是鱼类；找来了反映长江江豚生

协会管理的江豚保护监测员，协助南京长江江豚升级自然保护区开展野外江豚监测工作

存危机的公益短片，与孩子们一起寻找长江江豚濒临灭绝的原因。孩子们听得非常专注，也为长江江豚遭受的处境深感同情，有孩子还偷偷流下了眼泪。

课渐入尾声，我再问：“你觉得南京有江豚吗？”举手的人不到 10 个。我提高嗓门，肯定地说：“有！”霎时，掌声响彻班级。从那以后，我对自己要做的事更加清晰：让更多人认识江豚、喜欢江豚，通过江豚重新认识“家门口”的长江和这座城市。

这堂课也引起了我和伙伴们思考：许多本地人，甚至青少年都不知道长江江豚就生活在“家门口”，我们能用哪些办法让人们知道呢？亲眼所见更让人记忆深刻！于是，协会发起了带市民看江豚的公益活动。可报名者却将信将疑：这么稀少的动物，能看到吗？还有人以为，要带他看水池里饲养的江豚。当来参与的市民望着茫茫江面，听我讲解“江豚是野生动物，不一定何时现身”、“江豚出水呼吸时非常短暂，远远看上去像一个大黑点”，有人似乎用眼神在说：你在耍我吧？我内心其实也焦急。

不知等了多久，我的同伴率先呼喊：“看那儿啊，江豚！”人们目光一下子转移到他手指方向，果然江中“黑点”现身了——人们确信了，确实是江豚在自己面前迎风逐浪！顿时，人群中响起了此起彼伏的欢呼声！一位老人说：“这不是我年轻时见过的‘江猪’吗？”我点点头，对，江豚就是以前人们俗称的“江猪”。人们这才意识到，原来江豚一直都与我们同在一座城市中。

如今，在全社会共同参与下，关注江豚的人越来越多。现在再问起“你们知道长江江豚吗？”几乎所有孩子会喊：“我知道，我知道”，还不乏有人说“我在江边看到过！”此情此景，令我感触良多。

如今，“城市中心江段有野生江豚稳定栖息的大城市”这一身份也愈发让南京人感到自豪。通过江豚，人们对“家门口”的长江和这座城市有了更多的理解。

2015 年在这座城市里，我与长江江豚结缘，从那时起，我感受到了繁华的城市与野性的自然并不是无法和谐相处的。也让我相信如果越来越多的人了解、感受到了这一场景，共同参与到长江大保护中来，长江江豚的微笑一定能和我们一起，伴随着这座城市，在这共同的家、同一条母亲河，迎接着每一天。

共同守护“神话之鸟”

| 丁鹏 |

在我的家乡宁波象山，有一种不为大众所熟知的珍稀保护动物——中华凤头燕鸥。它被列入《世界自然保护联盟濒危物种红色名录》极危物种，全球总量只有100只左右，连大熊猫野外种群数量的1/15都不到。

1861年，中华凤头燕鸥首次被发现，1937年最后一次被记录，之后消失长达63年之久，一度被认为已经灭绝。直到2000年在福建马祖列岛被重新发现有8只中华凤头燕欧，由于数量稀少，踪迹神秘，因此被称为“神话之鸟”。

2004年，在象山韭山列岛也发现了中华凤头燕鸥的繁殖群体。当时在国际范围内引起广泛关注，然而受到人为捡蛋的威胁和干扰，在经历了几次繁殖失败之后，原在韭山列岛繁殖的中华凤头燕鸥和数千只大凤头燕鸥自2008年起离开了韭山列岛。

当时，中华凤头燕鸥在世界上只有两个繁殖地，全球种群数量还不足50只。为了扩散种群，有效降低繁殖风险，提高象山韭山列岛国家级自然保护区的生态价值，保护区于2013年开展了中华凤头燕鸥监测与招引项目。保护区利用假鸟和鸟声回放手段，吸引中华凤头燕鸥和大凤头燕鸥重回韭山列岛繁殖。项目实施期间，至少需要两名鸟类监测工作者，守护“神话之鸟”志愿者行动应运而生。因工作关系，我成为志愿行动的负责人，也是志愿团队的核心人员，参与此项志愿活动的酸甜苦辣我再清楚不过。

招募志愿者是第一道难关。因为志愿活动长达4个月，又是在孤岛上开展工作，这挡住了一大批人的脚步。同时这又是一项专业度要求较高的活动，

作者在监测中华凤头燕鸥

不是光有热情就能干，还需要具备鸟类、摄影、野外生存等方面的综合知识。

志愿者能否坚守又是一道难关。当志愿者登上一艘小船在茫茫大海上颠簸两个多小时，来到无人居住的荒岛上，几分钟新鲜感过去后，马上会面临一大堆问题：搭帐篷，住板房，没有水，没有电，更没有空调热水器。巡岛的时候不慎踩到蛇窝，清晨起来发现筷子大小的蜈蚣爬到衣服上，也是常有的事。我非常清楚地记得，有一个夜晚被蚊子叮醒后，发现地铺上竟然有 5 种昆虫。

生活上的困难还是小事，最让人受不了的还是坚守几个月却迟迟不见“神话之鸟”，内心的期盼与绝望到了无以复加的地步。有好几个人都坚持不了，很遗憾地提前退出活动。

守得云开见月明。2013 年，在经历了两个多月的等待之后，3 000 多只大凤头燕鸥和 19 只中华凤头燕鸥成功被招引回韭山列岛。这一消息震惊了全球。国际鸟盟来信称这是“值得庆祝和纪念的一年”，这是“世界招引历史中最快生效和成果最丰盛的事例，如有神助”。

如今，志愿团队服务工作越来越正规，主要围绕鸟类监测和鸟类环志展开工作。每年 3 月份，志愿团队通过媒体平台发布招募公告，召集 4 名鸟类监测志愿者。志愿者在5—8月的4个月里，24小时值守海岛，防止人员干扰，完成繁殖海鸟监测，维护岛上设施设备，确保繁殖海鸟监测等工作。

2015年起，为了解中华凤头燕鸥种群迁徙的状况，我们开始招募志愿者开展环志活动，每年招收30余名。截至目前为止，已经有180余名环志志愿者参与，环志海鸟1 200余只。

这些志愿者既有本土各种职业人士，也有经国际鸟盟介绍和各地观鸟组织介绍，来自美国、日本等地鸟类爱好者和科研人员，还有一些高校相关专业的学生。除了我本人，也有许多人已经连续两年都来驻守或者参与环志了。大家为着内心同样的期盼而坚守，为了让珍稀物种得以延续和传承。

在大家的共同努力下，象山韭山列岛已连续9年成功实施燕鸥招引和监测项目，孵化出115只中华凤头燕鸥，占世界各繁殖地总量的80%以上，韭

中华凤头燕鸥

燕鸥飞翔

山列岛成为了名副其实的中华凤头燕鸥研究与保育基地。

2017 年，我们的志愿团队被评为“海洋卫士”，2020 年还获得全国野生动物保护先锋卫士称号。

海鸟是海洋生态系统健康与否的重要指标，而中华凤头燕鸥又是其中的代表物种。实际上，我们保护的不只是中华凤头燕鸥，而是与之相关的海洋生态系统；我们宣传的也不仅是志愿守护的故事，而是希望社会公众了解有这么一群人在为保护野生动物，在为保护海洋进行着艰苦卓绝的努力。

2021 年，联合国生物多样性大会将在昆明举行，中华凤头燕鸥的保育事例将代表浙江生态保护的样板参加展出。虽然我们只是坚持做着小小的一件事，但我们对自然的敬畏与热爱是强烈的。希望志愿行动能唤起每个人心中的爱意，积极参与到保护野生动植物、保护生态环境的行动中来，共建绿水青山的美丽中国，共享万物和谐的美丽家园。

建立联盟共同守护渔业资源

| 熊勇 |

长江上游，釜溪河畔。有一座享有“千年盐都”美誉的小城——四川自贡，生活在这里的人们过着富足闲逸的生活。然而，有一个人和他的同伴，却选择了为长江里的鱼儿奔走，他们胸怀正义，自发成立“反电鱼联盟”，对周边水域展开志愿巡护，劝导非法捕捞行为，守护母亲河及渔业资源，取得了一个又一个辉煌的“战绩”，成为自贡江边无数生灵的守护神。

电鱼猖獗，创立“正义联盟”

数不清的鱼类，翻着肚皮漂浮在水上。

钓鱼爱好者朱凯的心被深深地刺痛着。40 多年了，从小在四川自贡土生土长的他，从没见过如此令人心痛的场景。

那是 2016 年 9 月的一天，在长江某段“钓鱼圣地”，朱凯看到众多电鱼者将数不清的鱼类以最残忍的方式一扫而空时，他告诉自己，必须要做点什么。

2017 年 5 月，朱凯在网上发布了一篇《以人民的名义制止非法电鱼、非法捕捞》的文章，呼吁“保护我们赖以生存的水资源，我们群策群力，共同打击那些违法电鱼捕鱼的行为，为大家做一点有益的事情”。

“反电鱼协作中心”就此成立。最初，成员只有 4 ~ 5 人，和朱凯一样，主要是自贡市的钓鱼爱好者，他们在当地的沱江水域自发蹲点、巡航，发现电鱼线索后及时汇报给渔政部门。一个月内，他们协助当地公安、渔政部门查获了3起电鱼案件，处理4人。

为了更好地打击电鱼行为，联盟成员还自觉学习相关法律知识，并逐步完善执法手册。手册规定，一组行动队的人数最低不低于3个人。现场执行时，2人在前制止电鱼者，1人在后拍摄视频进行取证，全程避免肢体接触，用话语“镇住”违法者。

他们的行动取得了不错的效果。

据不完全统计，“反电鱼联盟”项目发起后，志愿者的总巡护里程超过120多万千米，出动志愿者38.3万人次，通过线上和线下共收集到2.15万条非法捕捞线索，共配合各地渔政部门抓捕非法电鱼人6 000多人，缴获电鱼设备13 000余套、非法网具22 000多套。

恐吓接踵而至，挑战困难重重

为了鱼儿的命运，朱凯和志同道合者都是白天上班，晚上巡河，过程中充满了艰辛。

朱凯说，夜间巡护时，他们怕打草惊蛇从来都不敢开灯。沿河路途上，常常是礁石、瓦砾、碎石；杂草中，时不时可能碰到蛇、虫、鼠、蚁，甚至不小心摔伤。

有一次，朱凯在沱江河夜里巡河时，为了抓一条电鱼船走快了些，不料脚下突然一空，整个人硬生生地飞了出去，当时就昏迷不醒。醒后睁眼一看，旁边是一块尖锐的石头。现在想来，朱凯仍心有余悸。

但是，这些来自大自然的苦难并不算什么。随着巡护次数增加、巡护范围扩大，朱凯和他的民间护鱼队还常常受到人为的恐吓、殴打甚至死亡威胁。

2017年11月，一名网络黑客通过“呼死你”软件轰炸朱凯的手机，让他和“反电鱼联盟”及渔政部门的联系陷入瘫痪。

2018年2月，在全国的反电鱼行动获得巨大成功后，那些非法捕捞者分子发布“江湖追杀令”悬赏“收拾”朱凯……

但所有的困难和威胁，并没有让朱凯和他的“反电鱼联盟”停止正义的脚步。

通过与渔政部门的积极沟通，朱凯和志愿者得到了自贡市农业农村局的大力支持，在持续、定期对自贡市周边重点水域进行志愿巡护，劝导或举报非法捕捞者的同时，他们建立了微信公众号“反电鱼联盟”，面向广大群众开展宣传和科普。

经过不间断巡护、举报以及宣传、科普，民间护鱼队名气越来越大，越来越多的人意识到“反电鱼”的迫切性和护鱼的重要性，不少被劝导过的“电鱼人”转而成为志愿者，周边城市的钓鱼人陆续加入，在社会上掀起了一股“反电鱼”热潮。

2019 年，朱凯和“反电鱼联盟”志愿者参与并协助渔政部门破获的多起案件入选《2018 中国渔政十大典型案件》，其中包括近年来最大的电鱼机销售案件——邵东工业品市场电鱼机销售案、湖北历史上最大的非法捕捞案件——宜昌非法捕捞团伙案、湖北近年发生的特大团伙非法捕捞案——湘阴团伙电鱼案。

上述案件均由“反电鱼联盟”志愿者直接参与收集情报、前期秘密调查。2018 年 12 月，农业农村部渔业渔政管理局对反电鱼联盟进行了书面表彰。

守护渔业资源，点亮星火之光

为了让长江以及更多流域的渔业资源都能被关注和守护，朱凯在公众号上发表《以人民的名义抵制电鱼》的文章，号召成立“反电鱼联盟”。

文章迅速得到四川省宜宾、成都、内江及重庆、湖南、湖北等 17 个省市钓友们的积极响应。源发于自贡的民间护鱼队积极协助支持热心钓友们在各自所在城市成立护鱼小分队。与此同时筹备成立自贡市飞溪河流环保公益中心。

为了更好地与全国志愿者协同、为政府部门高效的提供信息，朱凯自筹资金 60 万元，建立了“江湖眼”大数据平台，进一步地提升了协助打击非法捕捞的成效。依托“江湖眼”大数据平台，朱凯每月定期将收集到的线上线下线索及各地重点难点分析，整理成“全国反电鱼月度报告”向农业农村部渔业渔政管理局、农业农村部长江流域渔政管理监督办公室书面呈报。

朱凯对“反电鱼联盟”有几个定位。

一是生物多样性保护的“承接者”。他们知道，只有通过发动广大群众积极行动起来，群防共治，才能让那些非法捕捞分子闻风丧胆。只有通过招募更多的志愿者成为政府的助手、成为江湖的眼睛，才能够让那些将黑手伸向长江的非法捕捞分子无处遁形。

二是生物多样性保护的“协调者”。“反电鱼联盟”发起的民间反电鱼行动，通过常态化、大量组织志愿者巡护、充当江河湖泊的“眼睛”，勇于探索，自行建立大数据平台网络，统一协调志愿者行动，通过网络平台向政府单位提供精准信息和线索，真正成为了江河流域的守护者、职能部门的好助手。

三是生物多样性保护的“共建者”。在自贡市各级政府部门的大力支持和指导下，“反电鱼联盟”所发起的民间反电鱼行动，不断完善和总结形成了切实可行的运行模式。难能可贵的是，这种运行模式呈系统、可复制，能够在短时间内向长江流域各城市推广，发动更多人积极参与到长江大保护行动中来，最终让全社会受益。

以自贡为圆心，辐射全国，朱凯和他的志愿者们开展反电鱼工作 4 年来，付出了大量的时间和精力。在和渔政部门的共同努力下，沱江边曾经随处可见的电鱼者越来越少，河里的鱼回来了，“鸟翔鱼跃”的场景又得以再现。

这些变化令朱凯觉得一切都是值得的。他至今还记得，一个夏夜，他和志愿者们在河边蹲守，湍急的河水奔腾，不知何时，数不胜数的萤火虫在空中飞舞，在月光下宛如盛开的满天星。他想留住这一刻。

志愿者们在开展巡护行动

生物多样性传播的青年力量

| 虞伟 |

“老师，我是设计专业的，我能为环保做点什么呢？”这是10年前，一位参加原环境保护部千名青年环境友好使者行动项目的同学问我的问题。

“要跟专业学习相结合，比如你学设计，可以去设计环保主题海报，宣传环保理念。”我当时这样回答她。10多年来，我一直在思考，如何让多学科背景的青年来投身生态环境保护的实践。中国承办《生物多样性公约》第15次缔约方大会（COP15）为我实践自己的想法提供了契机。

“生物多样性夏令营”是传播发动机

举办“青年生物多样性夏令营”可以集聚跨学科的学生，共同参与生物多样性保护，也能吸引媒体关注，这对开展生物多样性公众传播也是一个不错的选择。

2019年，我和几位热爱自然的小伙伴在浙江省淳安县大墅镇策划了“2019中国长三角青年生物多样性夏令营”。我们在招募时鼓励跨校跨学科组队，来自全国11所高校的50位师生参加了夏令营。除了生态环境类专业学生外，还有临床医学、法学、建筑、中医、设计等专业的。他们在指导老师带领下，开展了为期2天的培训和3天的实地考察和调研。

夏令营在当地也引起了不小的轰动。村民们都说，从来没有看到过这么多的大学生住在村子里。营员们白天在村民向导带领下做物种调查，进村入企访谈，晚上在驻地附近灯诱抓昆虫，做标本。晚上，当地小朋友也来围观，跟着营员认识了不少昆虫，天天喊着让哥哥姐姐们帮忙抓“独角仙”。夏令营期间营员分散住在村民家的民宿，和村民朝夕相处。很多村民从同学们那儿第一次听说生物多样性保护和可持续利用的理念，同学们也从村民那里了解到当地很多物种的知识，也算是相互学习吧。

夏令营也得到众多国家级媒体和本地媒体的报道，取得的社会影响和传播度超出了预期，让我看到了夏令营在传播生物多样性保护方面的爆发力。

到 2020 年，在 COP15 执委办指导和联合国环境规划署驻华代表处等的支持下，我又推动在浙江金华婺城举办了“2020 中国青年生物多样性夏令营暨第五届联合国中国青少年环境论坛”，主题为“青年守护自然”。这次夏令营吸引了广泛的关注，招募推文阅读量超过 3 万，来自国内外高校接近 400 位师生前来咨询报名，共有 56 支队伍报名有效。最后，来自国内外 15 所高校的 40 名师生组成的 8 支队伍入选。

在媒体传播方面，相比 2019 年，参与报道 2020 年夏令营的媒体又增加了不少，传播影响力直线上升。夏令营项目逐渐成了旗舰项目，成为国内生物多样性主题的最具影响力的青年活动之一。

微信公众号是传播大本营

要想取得好传播效果，还需要一个好平台和一支好团队。通过平台来聚人气，打出品牌，传递理念。

2019 年 10 月，在第 20 届中日韩环境教育论坛上，我推动浙江大学、北京大学、复旦大学、中国美术学院等 10 所高校的 10 个学生社团联合倡议发起青年生物多样性行动网络（CYBAN）。CYBAN 从成立之初就喊出了“为了更好的生物多样性”的口号，普及和传播生物多样性保护知识，提出了“创青春，惠自然”的愿景，赋能并激励年轻人作出改变。

CYBAN 发起成员来自各个高校社团，相对比较松散。我们决定先从微信公众号开始试水，通过线上协作来完成。通过招募实习生，只要对生物多样性有兴趣和意愿，不论专业背景，不受地域限制，甚至海外的留学生都可以加入进来，这样既可以解决日常运营人员问题，又可以让 CYBAN 走入青年中间，成为真正的青年组织。同学们来 CYBAN 实习，搞策划、查文献、写推文、拍视频、做调研，以此强化生物多样性保护的意识，再来影响身边更多的人。

当然，实践并非一帆风顺。在实际运营中，大家遇到了不少意想不到的问题。CYBAN 对推文的定位是对标业内头部的公众号，跟同学们日常运营的校园公众号风格相差很大，同学们想熟悉上手就需要时间。刚开始，编辑修改推文费时费力，效率很低，甚至一篇推文要从早上改到晚上，个别同学不能忍受精雕细琢的过程而退出实习。我们也不断找原因，从文案开始，制定排版和审核要点。经过大半年的探索，推文编辑效率明显提高，推文的风格和质量也趋于稳定。同学们制作的《公民十条》动画短视频，还被生态环境部官微推广。

目前，一共有 40 余名实习生来 CYBAN 实习过，他们有来自北京大学、浙江大学、复旦大学、南京农业大学等国内高校，也有来自美国、荷兰、加拿大、日本等高校的中国留学生。每两周，实习生都会在线上开会讨论工作和团队发展。CYBAN 公众号——青年生物多样性行动网络的栏目也越来越丰富，包括介绍生物多样性资讯的博闻广识，介绍物种及文化意象的生灵剧场，还有分享同龄小伙伴生物多样性行动的青年故事等。实习小伙伴参与度越来越高，获得感越来越强。曾经的实习生，只要有需要，他们还会被临时“召回”。“铁打的营盘流水的兵”，聚是一团火，散是满天星，无论是结束实习还是走向工作岗位，CYBAN 的青年人都一直关注生物多样性保护，传递 CYBAN 的理念。

校园及周边是传播主阵地

面向青年开展生物多样性主题传播，就要在青年人群密集的地方进行，大学校园及周边等青年主要活动范围当然是首选。在具体工作策略上，不舍近求远，要从身边的同学，身边的环境开始，赋能学生环保社团，通过全国性的项目，进行社团联动，开展生物多样性主题活动。

比如，CYBAN 作为 2020 宝洁中国先锋计划“基于青年和自然的解决方案（NbS）”华东地区枢纽合作伙伴，通过网络招募了 10 个学生社团参与项目，支持开展活动。其中有一个要求，就是要在校园及周边开展主题宣传活动。浙江工业大学绿色环保协会开展了邂逅纸间的自然活动，在书籍里寻觅自然，于诗词中邂逅美好。南京林业大学牧青环保协会，通过海报和宣传手册，在校园里分享生物多样性及 NbS 相关知识。浙江师范大学艺先行团队开展森林情景动物折纸课堂，《回归·生态环境》黑白装饰画主题展。安徽师范大学环境与健康协会通过骑行、摄影等方式宣传生物多样性保护。这些活动的开展，不断扩大了校园生物多样性主题传播的影响力。

校园也是物种的宝藏，北京大学绿色生命协会开展校园物候观测，通过网络直播，由物候使者和领队介绍燕园的春天，讲解植物知识，对各类物候做科学记录。依托校园的自然资源，让同学们在亲近自然的同时，学到了物种的知识，也感受到了自然的奥秘，强化了人与自然和谐相处的意识，这也是最便捷、成本最低、效果最好的传播活动。浙江大学草木学社在公众号上开设“浙里植物”专栏，开展植物科学绘画培训班，开展制作蓝晒作品活动，增强了生物多样性主题传播的趣味性、互动性和吸引力。

我在大学时期就加入并发起了学校的环保社团，对环保充满了情感。学生时代的经历，直接影响了我工作的轨迹。工作以来，我一直没有离开过青年环保组织，一直陪伴着他们成长。青年学子的行动，也给了我坚持下去的信心。生物多样性传播和实践，青年不能缺席，要相信青年的力量，他们总会带来惊喜。

中华秋沙鸭的“婚房”

| 陈凤华 |

吉林省的头道白河是一条自然生态河流，发源于长白山天池水系。头道白河水清见底，河面平缓，岸边青杨和桦树交错而生，常有各种野鸭前来觅食嬉戏。

诸多野鸭中，中华秋沙鸭是这条河流中最难得一见的。它是国家一级保护动物，中国稀有鸟类，堪称“鸟类活化石”，是比扬子鳄还稀少的濒危物种。

它喜欢在青山绿水间安家落户，但凡它的栖息之地，生态环境都很好，为此，中华秋沙鸭又被称为“生态试纸”。

为了保护中华秋沙鸭，长白山自然保护区在头道白河桥畔，设立中华秋沙鸭保护监测基地，并建有 4 座木板小屋，作为科研人员监测营房。小屋三面留有监测窗口，可以从不同角度进行监测。河岸周边加固了防护铁丝网，头道大桥又加固了防护栏。这样，既可减少闲人流转，还可避开人来人往对中华秋沙鸭的干扰。

有一年初春时节，冰雪还未融化，我与朴龙国老师守候在桥畔。那时，为了摆脱寒意，我们不停地搓手，不断地跺脚。可是，中华秋沙鸭一来，我们立刻站定不动，唯恐惊扰到它们。那一刻，我似乎冻成了雕塑，只有眼球伴随鸭子的游动和飞翔而转动。

提及朴龙国老师，他与中华秋沙鸭一样闻名遐迩。退休前，他是长白山科学研究院的动物专家，尽管退休多年，看似没有工作牵绊，可是，老先生为了保护中华秋沙鸭却更加忙碌。

中华秋沙鸭在长白山栖息的 8 月间，河岸便成了老人的第二个家。

科研人员为中华秋沙鸭筑巢

鸭妈和鸭宝　（朴国龙 摄）

20世纪后期，大面积森林被采伐，长白山地区的老龄阔叶树也未能幸免，适合中华秋沙鸭营巢的老树所剩无几。而新生长的次生林木成长还需要时间，没有足够大的树洞适合中华秋沙鸭筑巢安家。它们找不到繁殖的家，也面临缺少“婚房”的尴尬，这可愁坏了朴老师。

怎么办呢？朴老师与科学院几位专家研究这个令人头疼的现象，几番商讨后，他们决定给中华秋沙鸭开发“新楼盘”——人工巢，这样就可以解决它们的“婚房”和“产房”的难题。

说干就干，朴老师带着科研人员沿着河道迂回踏查。河流宽度，河水深度，水流速度，河岸植被，以及河中鱼类资源，一项项认真记录，还绘出河道分布图。一路踏查，几番考证，多次研究，设计了筑建人工巢的详实方案。

筑巢地点勘察妥当，搭建方案重磅出炉，最后环节就是安装。

立春节气，长白山依然白雪皑皑，头道白河两岸铺满奶油般的积雪，积雪下面却是暗流涌动。天气还未转暖，但春的气息在细微处悄然萌动。为了早日给中华秋沙鸭筑建新家，专家们穿着厚厚的羽绒服，趟着漫过膝盖的积雪奔波忙碌。

你追我赶　（朴国龙　摄）

鸭妈和鸭宝　（朴国龙　摄）

科研人员在岸边青杨树的主树干挂起巢箱，巢箱垂直地面，巢箱底部铺垫细枝条，上面再铺上干树叶，看似简单，却是鸭宝们温暖的床铺。巢口朝向河面，避开小乔木和灌木遮挡，便于鸭子出入；箱下的地面收拾平坦，没有干枝和杂物，只有这样，雏鸭跳巢时，才能安全进入河流。

其实，筑建人工鸟巢不亚于人类“购置不动产”，条件比较苛刻，细节不能忽略，更不能马虎。中华秋沙鸭孵化期最怕天敌来偷袭，因此，科研人员在悬挂人工鸟巢时，还将树干围上 1 米以上宽度的铁皮，又加固了铁皮与树干之间的缝隙，确保万无一失，起到防御作用。

“育婴房”均匀地悬挂在岸边的树上，看起来和树巢相似，却比树巢保暖。在中华秋沙鸭的世界里，人工巢也是豪华的住宅。当年，就有两只雌鸭入住“婚房”，并成功繁殖鸭宝宝。

如今，头道白河中游弋的中华秋沙鸭大多都是人工巢孵化。岁月更迭，鸭子数量逐年递增，成为长白山的“亲人”，头道白河因中华秋沙鸭落户而声名远扬，也成为中国生态版图上一抹绿色。

守护森林资源，呵护河流生态，就是保护自己的家园之根。人与动物和谐相处，理念不仅成为共识，更应成为每一位公众的责任。

守望中国滨海候鸟

| 白清泉　陈志鸿　李静 |

陈志鸿（网名岩鹭）没有想到，2005 年 3 月他在世界自然基金会（WWF）论坛观鸟版上的一个提议，让一个项目“中国沿海水鸟同步调查”从 2005 年 9 月 18 日启动后延续至今。

16 年来，每月一次，一个约定日期，沿海观鸟志愿者在各地重要的水鸟栖息地同步开展水鸟调查，守望中国沿海的水鸟及栖息地，关注鸟种、数量及其分布，与一线学者和科学家合作，为中国沿海水鸟及栖息地保护提供了扎实的数据。

调查源起“卷羽鹈鹕事件”

发起沿海水鸟同步调查的起因，要从“卷羽鹈鹕事件”说起。

2005 年 3 月 21 日，厦门摄影爱好者在厦门大学上空发现 14 只卷羽鹈鹕向北飞过，并拍下照片。而此前一天，广东海丰的鸟友在网络上留言他们那里“丢”了 14 只卷羽鹈鹕。

大家猜测这些卷羽鹈鹕是同群，于是在网络上探讨，各地若能同步开展水鸟调查，将对了解某时段的水鸟分布和迁徙情况有很大帮助。

这些信息的交流都是在当时方兴未艾的网络论坛上完成的，参与人数较多的是世界自然基金会中国站论坛的观鸟版，这个论坛几乎汇集了当时中国多数积极的观鸟者。

这个故事极大地吸引了大家的注意，厦门鸟会的陈志鸿提议沿海的鸟友开展同步水鸟调查，即每月约定一个日期，各地同时开展水鸟调查。

几个活跃的鸟友，对这个提议一拍即合，决定第一轮次的调查时间定在2005年9月18日。香港观鸟会也积极介入，将香港观鸟会积累的几十年水鸟调查技术和经验倾囊相授，并给予志愿者资金支持，开展水鸟调查员的培训。

中国沿海水鸟同步调查组成立

成员将团队名字定为“中国沿海水鸟同步调查组”，意为以中国沿海水鸟为监测目标的水鸟普查团队。

客观来说，中国沿海水鸟同步调查组是由沿海各省的水鸟调查员们自发组成的“民间团体”。先后参与的调查点约有30个，遍布中国沿海。

参与同步调查的调查员主要是沿海各地的观鸟爱好者，或是各研究机构、保护区的专业人员，调查日期一般选择在周末和天文大潮期。大家利用业余时间以志愿者的形式加入进来。

就这样，从2005年9月第一次起，截至2021年8月，中国沿海水鸟同步调查已经不间断做了16年，累计192轮次，风雨无阻，从未间断。

在中国东部沿海，东亚—澳大利西亚鸟类迁徙路线上，分布着一些重要的滨海湿地，对于鸻鹬类、雁鸭类、鸥类等水鸟类群的迁徙、越冬、繁殖有着重要的意义。同时，东部沿海地区也是中国经济最为活跃，开发与保护矛盾最为突出的区域，水鸟的分布和生态的变化有着直接的关联。对中国沿海水鸟同步调查，是希望了解沿海水鸟的分布及种群动态变化规律，并分析其变化原因，识别中国沿海的重要鸟类栖息地，为保护沿海重要湿地和生物多样性提供数据支撑。

填补空白，为鸟类研究提供支撑

中国沿海水鸟同步调查从无到有，多年调查的成果，填补了史前对中国沿海水鸟同步调查的多项空白。

截至目前，水鸟同步调查分阶段出版了4份《中国沿海水鸟同步调查报告》，发表了若干篇论文，对沿海水鸟的分布及种群动态变化有了一定的了解，尤其是鸻鹬类涉禽的监测，成果丰硕。

有些中国沿海原本缺乏数据的鸟种获得了重要的数据，另有一些鸟种的时空分布得到补充和更新，尤其是对勺嘴鹬、小青脚鹬、蛎鹬等鸟种的监测取得了突破性的发现，并为黄（渤）海候鸟栖息地申遗提供了重要的数据支撑。

各地水鸟调查数据亦为沿海地区项目开发和保护提供了基础数据，这些数据不断被保育组织和相关研究者所引用，对今后开展保育和科研工作有着不言而喻的意义。

守护更美新疆　成就更好自己

| 陈奕皓 |

“对我来说，守护新疆的山水，就是最有意义的事。”这是新疆百鸟汇生态环保志愿者团队秘书长陈雨箫说的一句话。从2016年起，陈雨箫一直记录和守护着白鸟湖的白头硬尾鸭，并带领团队发起“守护新疆绿水青山，白鸟湖湿地保护”等项目，成为一支重要的提升公民生态文明意识、守护新疆大美生态的民间力量。

2021年，“守护新疆绿水青山，白鸟湖湿地保护”项目入选年度“‘美丽中国，我是行动者’提升公民生态文明意识行动计划”十佳案例，而陈雨箫也被生态环境部评为“美丽中国·我是行动者”百名最美生态环保志愿者。

“百鸟汇志愿者团队”也被乌鲁木齐市生态环境局授予“生态环境保护先锋志愿者团队”荣誉称号。

“对动物和大自然的喜爱与生俱来”

陈雨箫对小动物的喜爱由来已久。大学时，陈雨箫参加了“爱宠新疆”公益团队，致力于救助流浪猫、狗。直到现在，大学时收养的两只小狗依然陪伴在她身边。

对流浪小动物的关爱，成为陈雨箫参与公益活动的初衷。大学毕业走上工作岗位后，她依然热衷于参加各种公益活动。有一次，朋友寄来的一张手绘明信片吸引了陈雨箫的目光。明信片上有只可爱的卡通鸭子形象，一段文字更是打动了她，“购买明信片，为保护白头硬尾鸭助力。”

“百鸟汇”团队开展志愿服务

一打听，陈雨箫才知道，原来乌鲁木齐经济技术开发区（头屯河区）的白鸟湖是白头硬尾鸭在中国最大的种群数量分布区。早在2007年白鸟湖区域就首次发现了白头硬尾鸭，但随着人们活动范围不断扩大，白头硬尾鸭的栖息地逐渐被侵占，统计数量也一直在下降。

为了守护这些“小可爱”的栖息之地，陈雨箫决定行动起来。2018年年底，经过慎重考虑，陈雨箫决定辞去稳定的工作，成为专职环保志愿者。“我想做些有价值的事，对我来说，守护新疆的山水，就是最有意义的事。”陈雨箫说。

“想为白头硬尾鸭做点儿事”

湖面中央，一只雄性白头硬尾鸭竖起黑亮的尾巴，边绕着一只雌性白头硬尾鸭打转，边扭头观察“她”的反应，雌性白头硬尾鸭则淡定地浮在水面一动不动……这是在白鸟湖观测点，陈雨箫在望远镜里看到的一幕。

说起第一次见到白头硬尾鸭，陈雨箫回忆道，看到它白白的脑袋、硬硬的尾巴，扭动着胖胖的身材在芦苇边游弋，十分憨态可掬，她一眼就喜欢上了这两只可爱的小鸭子。

从2012年开始，陈雨箫所在的团队就开始持续关注白头硬尾鸭。与此同时，中国科学院新疆生态与地理研究所的鸟类专家、自治区青少年发展基金会和公益组织“荒野新疆”也发起成立“荒野新疆·白鸟湖湿地保护项目组”。

2016年5月，在项目组的基础上，陈雨箫和志愿者发起成立了“百鸟汇志愿者团队”，以白鸟湖为重点区域，保护白头硬尾鸭及其他野生鸟类，风雨无阻。

他们对白鸟湖周边进行志愿巡护、垃圾清理，阻止游客危害鸟类行为的发生，宣传动物保护知识，同时做好各种监测工作……

劝阻游人进入湿地，制止捕猎野生动物和干扰野生动物繁殖的行为，这些“斗智斗勇”的行动需要大量时间和精力。“我们团队有个志愿者就是白鸟湖周围小区的居民，他主动要求加入我们团队。整个夏天，他每天巡湖8～10个小时，蓝色的队服都晒成了白色，可他毫无怨言。”陈雨箫说，志愿者来自医疗、教育、企业、科研等不同行业，他们都怀揣共同的理想，志愿当好这座城市的环保卫士。

2017 年年底，乌鲁木齐经济技术开发区（头屯河区）政府宣布将建设白鸟湖湿地公园。2018 年，白鸟湖湿地入选《阿拉善 SEE 任鸟飞优先保护湿地名单》。2019 年，地方政府及有关部门继续推进白鸟湖湿地公园规划工作，白鸟湖湿地逐渐成为乌鲁木齐市的一张生态名片。

陈雨箫说，近两年随着白鸟湖生态环境的改善和保护，固定的观鸟点也远离湖边，游人对鸟儿的干扰已降到最低，以前大部分水鸟会在湖中心活动，现在偶尔也会发现它们在湖岸边休息和活动。

如今，白鸟湖是白头硬尾鸭在中国最大的种群数量分布区。在志愿者和社会各界的积极呼吁下，白鸟湖湿地被中国生物多样性保护与绿色发展基金会授予中国唯一的中华白头硬尾鸭保护地，白头硬尾鸭成为乌鲁木齐乃至新疆最具代表性的鸟类明星物种之一。

“让更多新疆人一起守护这里的山山水水”

“我们有一个志愿者叫晓彤，从大二就加入到我们的志愿服务，直到大学毕业。她告诉我，通过参加志愿服务，她找到了自己真正热爱的事业，想跨专业考环境科学与工程专业的研究生。希望未来能为环境保护尽一份自己的力量。”陈雨箫介绍说。

像晓彤这样的志愿者还有很多，陈雨箫和她的团队在潜移默化中影响着身边人，通过平日里的宣传、讲解，有越来越多的人加入到他们的队伍中来，了解环保、践行环保、参与环保。

为了将环保理念传播得更广，他们还积极开展形式内容丰富多样的青少年环境教育、社区环境教育、公众环境教育等系列活动。

从 2018 年开始，为了让更多的青少年了解参与环保，他们积极开展环保宣传进校园活动，平均每年活动 30 ~ 40 余场。2019 年又与乌鲁木齐经济技术开发区（头屯河区）生态环境局、教育局共同组织环境教育社团课程，在辖区内各小学推广。

陈雨箫说："我们希望能够开设一个长期的兴趣班，让孩子有渠道了解生态环保知识。"这个想法得到当地生态环境局、教育局等多方支持与认可，于是乌鲁木齐市第九十三小学作为试点，开设以学期为单位的环境教育兴趣课堂，每周固定课时、固定时间给孩子们系统讲解环境保护知识。在整个教学中，注重将趣味性与知识性相结合，采用做实验、做游戏等方式，让同学们更好地参与到环境问题的思考中来，真正做到学有所获。

自 2016 年起，"百鸟汇志愿者团队"开展各类环境教育活动百余场，累计受众超过 9 万人次，开展生态环境保护、湖泊污染防治、反盗猎等各类公益活动 580 余次。

为了唤起更多人对白头硬尾鸭和白鸟湖湿地的关注，让更多人了解白头硬尾鸭，2018 年 4 月，百鸟汇志愿者团队联系新疆本土文创公司，为白头硬尾鸭设计了微信表情包。微信表情包推出半年多发送量就突破 65 万次，全球性濒危动物白头硬尾鸭以这样不经意的方式走入更多人的视线。为了解决白鸟湖湿地垃圾围湖的问题，陈雨箫和她的团队发起了多场垃圾捡拾环保活动，近一年时间从白鸟湖湿地清运垃圾 8 400 余千克。2017 年"捡拾新疆"活动应运而生，逐渐形成专注垃圾议题、广泛普及的公众参与式体验活动。2020 年，"捡拾新疆"正式升级，与全国 13 家环保机构共同发起"净山净心户外失控垃圾管理项目"。

如今，百鸟汇志愿者团队成员达 120 余人，逐渐成长为致力于生态环境保护、物种多样性保护、环境教育的行动者和民间力量。

下一步，团队将要做更多的数据积累，计划建立濒危物种的数据资料库，给政策制定和城市发展规划提供参考意见。

陈雨箫说："这其中离不开政府相关部门对我们工作上的大力支持，同时也将激励我和我的团队汇集更多人的力量，唤起更多公众对环境问题的关注并行动起来，让新疆有更多的绿色公民，一起守护这里的山山水水。守护更美新疆，成就更好自己。"

那仁村20年社区共管守护滇金丝猴栖息地

| 刘云帆 |

那仁村坐落在云南省迪庆州德钦县羊拉乡，处于金沙江西岸，位于云南、四川、西藏三省交界处。在藏语中，那仁的意思是“天之下的田地”，这片土地上有着德钦县最大的坝子及耕地、最大片的原始森林，人与自然的关系紧密。周边的山林是濒危物种滇金丝猴的栖息地，滇金丝猴属于国家一级保护动物，列入 IUCN 物种红色名录。

在村民的保护之下，滇金丝猴种群的生活环境稳定、数量持续增长，从 1996 年的 175 只增长至最新的 450 只，约占滇金丝猴总数的 13%。村民时常能够目击到猴子的活动，人与野生动物和谐相处。

良好的生态环境，以及人与自然的亲密关系，是村民细心呵护取得的结果。

从破坏到保护，生活方式转变带来意识上的变革

那仁村民的环保意识并非是一朝一夕养成的，而是历经了四季更替，成熟于岁月洪流之中。纵观历史，那仁村民的生活方式，发生过几次重大的转变，经历了从破坏到保护的过程。

20 世纪 60—70 年代，那仁以公社的形式，响应国家号召下进行大生产，砍伐林木用于建设，村子里面的猎人也陆续多起来。

当时德钦县也把林业作为重要经济产业，一些粗大的原始树木被销往平原地区。那仁由于深处深山，交通不便，木材没有条件运输出去，周边的大片森林得以保留。但在当时社会风气之下，村民依然砍伐大量栎树和松树，用于建

2020 年 2 月，在那仁村附近森林里活动的滇金丝猴

设房屋和烧柴取暖。

一次，几天的连续暴雨后，凶猛的洪水从雪顶和两侧山坡奔腾涌向村庄。洪水冲毁了农田和水田，导致那仁村在收获季节颗粒无收，还花了很长的时间来修复农田。洪水过后，接踵而至的是长达两年的干旱。村民开始反思，对自然的破坏行为是否招致了自然的报复。

1983 年，为了保护滇金丝猴，白马雪山自然保护区成立，工作人员开始劝告周边村民停止狩猎。1993 年，滇金丝猴吾牙普牙种群从保护区迁徙到那仁周边，村民开始留意并保护猴群。

1998 年，摄影师奚志农带着团队来到那仁村，一方面是为了拍摄滇金丝猴，另一方面也在村中宣传环境保护。环保话题迅速成为当时村民茶余饭后的谈资。

同年，正值农闲的那仁村举行了一次全村大会，宣传国家出台的环境保护相关法律，大会要求村民懂法、守法，不乱砍滥伐森林，保护环境。会上起草了村规民约，并且全村通过，标志着以村民为主体的那仁保护小区正式成立。

2006 年，大自然保护协会支持白马雪山保护区以当地传统文化为基础、以村规民约为准则，制定了《村社自然保护区管理条例》，选举社区代表，以开展日常保护工作。同时，以安装太阳能热水器、解决人畜饮水等帮扶项目为载体，带动村民实施滇金丝猴保护行动。

2008 年，通过“CI- 山水的保护”项目，香格里拉滇金丝猴保护协会与德钦县林业局积极协商，签署了县林业局—当地社区—滇金丝猴保护协会的社区保护地授权三方协议，以“特许保护协议”的方式，开展以保护滇金丝猴为主的社区共管，那仁社区保护地得到了政府部门的正式认可。

自 2018 年起，山水自然保护中心与野性中国合作，支持村民进行栖息地巡护与物种监测工作，推动建立和完善社区巡护、监测体系，以填补该区域物种分布、生境资源的本底信息空缺。

2020 年 9 月，那仁保护小区入选“中国公益保护地名录”。村护林员路茸成为 2020“桃花源巡护员奖”10 名获奖者之一，以及滇金丝猴全境保护网络 2020 优秀滇金丝猴一线保护工作者的 8 名获奖者之一。

生态环保写入村规民约，村民自发开展巡护行动

在那仁的村规民约中，特意设置了保护生态、保护森林资源方面的条款。如生态保护方面，提倡村民积极主动参与公益或私人植树造林，建设美丽乡村，保护一方生态平衡；严禁在草场、林区、田间等场所乱放、乱扔垃圾污染环境；严禁开荒或破坏植被行为，禁止污染水源。保护森林资源的条款规定：为了减少对森林的采伐和破坏，村民仅能取用已经倒伏或自然死亡的树木，绝不可以为了柴火而砍伐有生命力的树。只有在盖房等刚性需求出现时，才允许村民申请指标，适量、合理地取用自家林子里的树木。

村规民约不仅写在纸面上，村里还不定期举办宣讲活动，提高村民的素质

图 1 | 图 2
图 3

图 1　2020 年 2 月，那仁村民组成了志愿巡护队，上山护林并安放红外相机

图 2　那仁村护林员深情凝望多年守护的村庄和山林

图 3　那仁村组织学习红外相机和地理信息系统（GIS）知识

那仁村位于德钦县最大的一块平地坝子上，村民用半农半牧的方式与自然和谐共生

和环境意识，并设立奖惩和监督举报机制来贯彻实行。村民严格执行规定，相互监督，发动全村的力量保护环境，并在年终进行总结。

此外，村民积极实行退耕还林、退牧还草。退耕还林是指在退耕地种植桃树，退牧还草是在雨季去牧场、山沟、荒地等区域播撒草种子，在草种发芽之际尽量不放牧。

村民是最了解这片山林的人，他们志愿开展了生态巡护行动。村民自发上山，阻止盗猎、盗伐等违法行为。由全村 40 家轮流，每年户均巡护时间为 1 ～ 3 天。

村民路茸是白马雪山国家级自然保护区的专职护林员，周边村民们看到滇金丝猴活动，总会及时把消息告知他，形成了民间监测的信息网络。2019 年后，那仁保护小区与环保组织合作，通过科学的方式开展巡护监测，重新规划巡山路线，并自行选点安放红外相机。目前，已经积累大量照片和视频数据，村民巡护员积极学习填写记录表，辨认动植物名称，参加红外相机、GPS 和电子地图使用的主题培训，各项护林能力有了逐步提升。

“养山吃山”的生存发展道路越走越宽广

那仁村民世世代代生活在这片土地上，正是村民的全方位保护行动，为生态环境保留了较好的完整性和原真性，使得生态系统的服务功能健全。村民意识到，自然资源是村庄最大的财富，保护的最大受益者是自己。他们希望将绿水青山留给子孙后代，让村庄得以永续发展，这就是那仁村提倡的“养山吃山”模式。

由于本地生态的脆弱性，全村一致选择不破坏环境、产生污染小的产业。2014 年，那仁各家统一加入并成立了农民种植专业合作社，希望在平坝农田上，引种栽培高山原生的贝母、秦艽、木香等药材，为村庄增收、摆脱贫困。

2020 年全体村民耗资数百万元，自筹自建乡村自然中心，不仅可以作为社区保护的场地，还可以传承村庄的历史文化、传统知识。作为生态科普教育基地，村庄在探索开展自然教育、生态旅游方面迈出了重要的一步。

村民自行管理自然资源，形成了超过 20 年的保护模式。那仁模式实际上是依靠村民自治、自发保护，没有依赖于外界的保护资金。但同时，他们也接受外部的科学保护指导，并把保护意识转化为行动，多层约束机制齐头并举。

社区保护地不仅达成了保护目标，村里严格的管理和执行制度，也推动实现保护之外多个领域的多重目标，如基层民主、法制建设、扶贫减贫、生态产品价值实现、传统文化传承等。未来，那仁有望作为乡村振兴、生态文明、生物多样性保护、生态旅游等政策的示范点，推广成功经验。

“生态之城”的倡议者与建设者

| 山冰沁 |

第一次见到郭陶然，是 2020 年 7 月初，在城市荒野工作室的生态修复项目现场——上海乡土生态科普示范基地。郭陶然认识其中所有的动植物，并熟知它们的喜好：谁和谁一起生长，适合怎样的地形、光照与土质……他都如数家珍。

“我们和一些污染治理类的生态修复项目最大的不同点在于，我们恢复的是生态系统的结构与功能。”郭陶然如是说。

专注生物多样性修复，把爱好变成职业

当时我作为联合国可持续发展解决方案网络的项目组专员，主要研究上海市的可持续城市规划与生物多样性恢复和保护。2020 年上半年，我调研了许多在上海从事生物多样性恢复工作的机构，但从来没有遇到过像郭陶然他们这么专业、全面的团队。说起来，郭陶然是严格意义上的“生态”学家，对整个城市生态系统极其熟悉并拥有“调控”的能力。

他出生于新疆维吾尔自治区阿勒泰市一个教师家庭，两三岁起被父母的同事带去生物实验室看标本制作，萌生了对自然的兴趣。随后他不断饲养或栽培各种动植物，历时 30 多年，仅栽培的植物就超过了 6 000 种。由于常年随身携带“宠物”，人送外号“虫哥”。

进入上海的大学后，郭陶然在校内成立了“自然博物协会”，带领会员观察校园自然环境，辨认动植物，还整理出一份详尽的校内植物名录。

当时，郭陶然认为校内的自然环境并非理想的动物栖息地，因而向校领导提出生态修复方案，甚至希望由他本人在校内开设一门新课程来普及生物多样性恢复知识。为此，他还认真编写了教案。

这个愿望最后没有实现，不过，用郭陶然的话来讲，“从那时开始，我就知道了自己的人生方向，就是做生物多样性恢复的研究与实践。”

初涉修复案例，小环境生态系统实现平衡

2013 年，郭陶然与伙伴共同创立了城市荒野工作室，旨在保护与恢复城市中严重受损的生态系统与生物多样性。当时，公众对生物多样性的理解有限，并不理解城市生物多样性的意义。

郭陶然则认为，城市的生态修复十分紧迫，虽然城市绿化率受到重视，但绿化质量并没有引起足够的关注，大多数仍以园林植物种植为导向，且没有入侵风险评估；种植缺乏乡土物种，也没有依据生态系统的结构与功能设计，不能为城市中的野生动物提供食物与栖息地，是动物眼中的“绿色荒漠”。

研究城市生物多样性及其修复，需要观念的转变和大量的资金。此时，郭陶然和团队只能先从自然教育入手，一方面通过生态科普活动普及乡土物种保护的理念，另一方面用活动收入支持生态修复方面的研究。

“实际上，在城市环境中即便只做自然教育，也是需要先进行生态修复的。”郭陶然解释说，因为目前的城市绿化大量使用外来的园林植物，并不能满足乡土动物对食物与栖息地的需求。“假设我们做一场观察蝴蝶的活动，就需要在某片绿地有一个稳定的蝴蝶种群。我们需要对这些绿地先进行生态修复，以维持这些物种的稳定种群。”

2015 年，在一场关于上海乡土物种保护的公益讲座中，刚从海外考察回来的上海市浦东新区绿化局领导了解到郭陶然的“城市生态保育”理念，很像在国外所见的生态复育，因此支持郭陶然利用浦东金桥地区宜嘉苑的 5 亩地进行试验。

在宜嘉苑生态保育区的项目中，城市荒野工作室实践了将场地先变成“次

生裸地”——调整、移除原有的绿化，再以大量符合自然演替规律的人工干预形式重建生物群落，加速大自然的次级演替。

郭陶然认为，在大型城市生物多样性恢复领域，虽然欧洲城市积累了大量依靠自然主动恢复的经验，但许多国外经验无法套用。因为我国的中大型城市规模远大于大多数同级别欧洲城市，且城市周围的自然植被在历史上也受到了较严重的人为干预，难以依靠物种自然扩散的方式恢复生态系统结构与功能。如果放任场地“自然恢复”，结果很可能是场地被入侵植物占满。

因此，我国城市的生态修复应注重生态重建，首先人工引种缺失的乡土植物，形成适宜的生境后，再引入具有重要生态功能但无法自然迁移至项目地的动物，如鱼类、两栖动物及扩散能力较差的昆虫等，辅助后期生态系统的稳定与自我循环。

这一构想在宜嘉苑的项目中充分实践。场地在 3 年后形成了接近上海本地自然环境的植物群落，小小 5 亩地里共监测到乡土植物 260 种，原生鱼类、两栖动物、软体动物共计 40 种，昆虫 110 种。由于稳定的生态系统已经形成，入侵物种不再构成威胁。

随后，城市荒野工作室又提出“貔貅原则”，项目场地“只进不出”，所有园林“垃圾”都不得外运，枯木锯成段任其自然腐朽，为真菌与甲虫分解；草本和树叶任其自然凋落，在冬季形成落叶层。

项目场地形成了新的土壤层，在持续的生态调控下，生态系统实现平衡，无须再施用任何农药，就能实现自我更新与循环，也将绿化养护成本下降 50% 左右。

宜嘉苑项目不仅是上海第一个成功的城市生物多样性恢复案例，还为城市居民，提供了一块珍贵的、可以直观认识上海生态系统的自然教育场地。

构想中的“生态之城”，包含彼此尊重的相遇与融合

郭陶然和团队并不止步于此。宜嘉苑项目后，他们又开展了不同类型生态系统的修复探索，从校园绿化的生物多样性优化到农村水稻田人工湿地生态修

图 1 上海乡土生态科普示范基地生境分区

图 2 郭陶然

图 3 城市荒野工作室水稻田人工湿地修复项目

复，从郊野公园的再野化到江浙山区典型的毛竹林生态修复……郭陶然有一个宏大的计划，希望可以先建立长三角不同类型生态系统修复的示范案例，再通过对不同生物群落演替规律数据的收集与研究，连通上海乃至长三角的生态廊道与生态网络。郭陶然希望通过 30 年持续的生物多样性恢复与研究，将上海塑造成一座“生态之城”。

“上海乡土生态科普示范基地”是郭陶然团队的又一个经典修复项目，共保育上海乡土植物 400 余种，乡土动物 800 余种。

项目场地目前也成为了上海市第一个乡土生态科普基地，自 2020 年 5 月对外开放以来，共开设自然教育课程 18 门，累计超 4 500 人参加。场地位于浦江郊野公园境内，占地面积 17 000 平方米，城市荒野工作室将它恢复成了容纳 7 个不同乡土生境类型的“荒野”，展现了一个郊野公园原本应具备的“野境”与生态服务功能。

“实际上，对比城市中的其他绿地，郊野公园更适合做生物多样性恢复，因为它并不产出太多经济价值，原本就应当承担起保育乡土物种、城市生态安全屏障的功能。”郭陶然这样说。

目前，国内对生物多样性恢复的技术研究才刚刚起步，还存在很多不足。如对群落结构与功能的忽视，仅将“更多的物种”作为生态多样性概念的全部；也有仅关注植物多样性的恢复，而忽略野生的动物多样性。

但无论如何，城市荒野工作室让我看到了一种真正实现人与自然和谐相处的可能性。他们还原出一种人与自然互惠式的治愈图景。正如郭陶然的生态科技公司名为“天渊”，取自《诗经》“鸢飞戾天、鱼跃于渊”之句，意谓万物各得其所，自然自在。也许，这就是人与自然的未来，一种包含着彼此尊重的相遇与融合。

地方篇

南京红山森林动物园：为野生动物撑起“保护伞”

| 杨柳　张健 |

2021 年上半年，一场名为“情系自然，为爱认养，用心守护”的认养仪式在江苏省南京红山森林动物园（以下简称红山动物园）中心广场上举行。

活动中被爱心企业认养的“胖胖”，是一只雌性小熊猫，有着棕红的身躯、弯弯的尾巴，长相娇憨，“镜头感”十足。认养仪式现场，“胖胖”顺利走完“入职流程”，同时，爱心企业郑重表示，这位动物“同事”此生的小竹子都被“承包了”。

“胖胖”是红山动物园里被爱心认养的动物之一。在园长沈志军看来，爱心认养行动既拉近了人与动物的距离，也缓解了动物园的财政困难。很多人也许并不知道，这所“我国第一个取消动物表演的动物园”，在 2020 年新冠肺炎疫情期间亏损近 3 000 万元、面临倒闭的境况下，也要保证动物饲料供应和场馆改建，而“助它重返自然”等一系列野生动物保护公益行动也在持续开展。

有人说，“一座城市的动物园是城市一张另类的生态名片”。南京红山动物园，正用其独特的“红山方案”，向公众展现着“人与自然和谐共生”的美好画面。

打造野生动物基因保存的“诺亚方舟”

南京红山动物园，是我国第一个取消动物表演的动物园，这个决定还要从动物园的“百兽之王”——园长沈志军说起。

最初，沈志军每日“巡山”时发现，园子里的“毛孩子”们生活得一点也不快乐，圈禁式的生活使这些动物显得无聊、无奈又无助。如何让动物们快乐起来，成了沈志军最常琢磨的问题 。“善待动物，就是善待生命。这也是红山动物园最质朴的办园理念和初衷。”沈志军说。

2020 年年初，受疫情影响，红山动物园闭园 51 天，收入为零，亏损近 3 000 万元。有人劝沈园长，动物表演获利多，不如重新开放，被他一口回绝。“不仅仅是为了娱乐大众，动物也有属于它们的权利。”

除了秉持人与动物“生命平等”这一理念，红山动物园也青睐于释放动物的天性，将园中动物们原始的生活基地，打造成一个个展示天性的“无敌乐园”。

沈志军设计了一条并联式分配通道，将亚洲灵长区的 30 个功能区连接起来，动物们可以顺着通道去别的功能区“串串门”，来一场“说走就走的旅行”；在大象馆的改造上，沈志军找到英国设计师，“私人定制”两组既可遮荫，还能淋浴的三叶草水池系统，让每天都要洗澡的大象在夏日户外沐浴时也能躲避炙烤的阳光。

在红山，这样的暖心和细心随处可见。红山动物园摒弃了落后传统的“坑式”展陈方式，采用“沉浸式”展示，改造了狼馆、狐猴岛、热带鸟馆、犀鸟馆、考拉馆以及细尾獴馆等 19 个场馆。野性的环境， 唤醒了从小在动物园里生活的红猩猩小黑的原始记忆，开始爬树筑巢；就连国际上繁殖记录不太多的濒危物种鹤鸵，在这里也谈起了“恋爱”，孵育出 32 只小生命。

正是这一系列的“动物”人文关怀，让红山动物园被广大网友评为“最有人情味”的动物园。“现代动物园的职能不再是简单地满足游客的观赏需求，它更像是野生动物基因保存的‘诺亚方舟’，通过不断地提高福利，激发野性，从而实现物种的延续。”沈志军在接受采访时说。

“一所建在动物园里的自然学校”

“如果给你一天时间逛动物园，你会去观察什么？”今年的国际生物多样性日当天，一场“关爱多样生物，发现多样城市”的主题嘉年华活动在红山动物园盛大开幕，来自全国各地的“小达人”走进缤纷的动物世界，带着认知“多元伙伴”的任务卡，探寻神奇的生命奥秘。

摊开红山动物园的地图，森林覆盖率超过85%，生活着近3 000只来自世界各国的珍稀动物。“以自然之道，养万物为生”，在红山动物园宣传教育部部长白亚丽看来，“动物园不仅仅是娱乐机构，更是教育基地，是孩子们了解大自然的生动教科书。”

一所前所未有的自然学校，正是在这样的理念下应运而生的。在2021年的南京市“爱鸟周”启动仪式上，“多样星球自然学校”在红山动物园面向全球的孩子张开怀抱。

“过去我们大多主张科普教育，侧重于知识的普及。而在多样星球自然学校，我们更加注重行为教育以及生命教育，希望孩子们在与大自然的亲密互动中，培养起对自然的敬畏、热爱、责任与保护。”白亚丽介绍。

邂逅一种动物、了解一种昆虫、认识一株植物……自然星球学校丰富多彩的探索课程，让孩子们去逛动物园，也变成了一件“正经事”。

在饲养金钱豹、猞猁、豹猫等动物的“中国猫科馆”，红山动物园复刻出NGO“中国猫盟”在山西和顺华北豹的保护基地，希望引导孩子们对濒危动物野外保护的关注；“假如我是大象饲养员”研学活动，也让孩子们化身成为大象的“贴身管家”，近距离了解大象的生活日常，携手守护可爱的生灵。

“体验自然并非只是走马观花、看看动物，自然界有太多值得我们去探寻的东西。‘在生态中，认识生命；在生命里，守护生态’——这也是环境教育最重要的意义。”白亚丽说。

“每一个生命，我们都在乎”

扑棱棱——随着红山动物园救护中心工作人员陈月龙小心翼翼打开笼门，一只有着“鸟中老虎”之称的国家一级保护动物“白尾海雕”，背上GPS重返蓝天。

在红山动物园内，有一个区域门前写着“游客止步”。这个“秘密基地”，正是城市中迷途、伤病、受困的野生动物们的急诊室。抽血、拍摄X光片、动手术……每当电话铃声响起，一场使命般的救护随即开始。

“红山动物园还有一个最大职能，就是对本土物种的就地保护。作为江苏省和南京市两级的野生动物收容救助中心，2020 年红山的动物医生们救护了野生动物 925 只，放归本土野生动物 209 只。”陈月龙介绍。

自 2010 年“野生动物收容救助中心”被原江苏省林业局授牌以来，野生动物救护放归、活动轨迹监测、研究迁徙规律，已经成为红山动物园与其他研究机构合作的项目之一，红山成了一个个无家可归动物们的“避风港湾”，一个个生灵也从这里重回自然，走向新生。

为野生动物撑起“保护伞”，助它回归自然，只是红山动物园保护行动的一个缩影。2018 年的一次夜观萤火虫研学活动中，动物园里放置的两台红外触发相机（以下简称“红外相机”）监测到了两只野生鼬獾。这引发了动物园的思索：除了园子里饲养着的这些动物，作为城市野生动物的“生存驿站”，园子里没有被饲养的动物还有多少呢？城市里又有怎样的生物多样性？

带着这样的思考，2020 年，在世界自然基金会和华泰证券联合设立的“一个长江，一个世界”公益项目的资助下，红山动物园购置 20 台红外相机，在整个园区全覆盖开展“小红山生物多样性保护和公众教育”调查行动，旨在加强中国珍稀濒危物种的实地保护。

每当夜幕降临，漆黑黑的草丛悉悉索索，昼伏夜出的黄鼬、貉、狗獾纷纷出动……仅 2020 年一年，红外相机就拍摄到了 27 种鸟类以及 9 种兽类，红山动物园还制作《野性红山——红外相机前发生的故事》系列影像资料近万条。

可见，原始密林的设计、野外环境的模拟，使红山动物园为在城市与丛林间穿梭的野生动物，保留了一片生态绿岛。

北京雨燕

| 李夏慧子 |

在人口超过 2 100 万的北京，野生动物与人的距离并不遥远。

鸟类是城市中最常遇到的动物。“麻雀有着白色的脸颊，上面还有一块黑痣一样的斑块，非常可爱。”观鸟爱好者杨潇有着两年多的观鸟经验，自从爱上观鸟，他每天出门不再是低头赶路，而是开始留心天空中和树枝上飞翔、跳跃的鸟类。

7 月下旬的一天傍晚，天安门广场最南端的正阳门，尖锐的鸣叫声伴着几个黑影迅疾划过天空。“这是雨燕准备回家了。”杨潇说，“每天清晨和太阳落山前，雨燕都会在空中盘旋聚集，尖声鸣叫。”抬头望去，正阳门城楼高大庄严，木质结构的城楼梁、檩、椽交错，形成了一个挨一个的孔洞，雨燕把家就安在了这里。

北京雨燕在北京

北京雨燕，世界上唯一以“北京”命名的鸟类，体形比寻常家燕稍大，羽毛黑褐色，胸腹部有白色细纵纹，两翼窄而长，飞行时向后弯曲如镰刀。它们常常集结成群，在高空或紧贴水面疾飞，以追捕昆虫为食，尤其在下雨前后最为活跃，因而被称为“雨燕”。千百年来，北京雨燕与古老的北京城相伴而生，是北京独特的乡土记忆和文化符号。

别看雨燕矫健美丽，可实际上它们的腿短而弱小，爪的四趾都向前伸且呈钩状，因而可以轻松地在垂直的墙壁和岩石上攀爬，但无法在平地站立和行走，它们不能像别的鸟儿那样从地面水面一跃而起，只能从悬崖或高大建筑上先跌落俯冲获得速度才能飞起，若不小心跌落地面无人帮它抛向空中的话，便只能在地上扑腾挣扎，最后因飞不起来而死亡，所以它必须在高处筑巢才能生存。

“北京雨燕的飞行能力惊人，它们并非在北京久居。每年的 7 月底 8 月初，雨燕便带着幼鸟启程，踏上漫长曲折的迁徙之路。它们先经内蒙古朝西北方向飞，从天山北部到达中亚地区，接着向南穿过阿拉伯半岛，在 11 月到达非洲南部。” 杨潇说，每当杨柳返青的时节，雨燕便从遥远的非洲沿着相似路线回到北京，往返迁徙 3.8 万公里。非常巧合的是，北京雨燕的迁徙路线与“丝绸之路经济带”有着部分重合，在途经的所有国家中，至少有 18 个是“一带一路”成员国或是与我国签署了生态环境保护合作协议的国家，而雨燕作为食虫益鸟，也为沿途国家和地区控制虫害、维护生物多样性起到了积极作用。

作为夏候鸟，雨燕在北京生活的 5 个月里，最重要的任务是繁殖养育后代。北京的宫殿、庙宇、城楼和古塔飞檐翘角，复杂的斗拱，交错的梁、檩、椽，给它们提供了筑巢搭窝、繁殖后代的空间。颐和园、雍和宫、正阳门、天坛、历代帝王庙都是它们的重要繁殖地。

北京雨燕的生活习性，使得它对于栖息地的依赖程度非常高。雨燕“恋家”，它的旧巢可以多年反复使用，只有当巢穴遭到破坏，雨燕才会寻找新家。

20 世纪 50—60 年代，随着北京城市化进程加快，特别是旧城改造的实施，包括城楼、牌楼在内的古建被拆除，古塔及庙宇减少，使得北京雨燕一度无家可归。

20 世纪 80 年代，古建筑的命运发生了变化，它们得到了细心修复。为了避免鸟类筑巢、粪便排泄对古建造成伤害，文物单位在古建筑的斗拱屋檐下拦起了防雀网，防雀网让雨燕无法重返原有巢穴。“栖息地的破坏，是雨燕数量减少的最重要原因。”杨潇说。数据显示，1974 年故宫一带曾有 410 只雨燕，但铺设防雀网后，雨燕数量一度锐减至 64 只。

老旧房屋被拆除，拔地而起的高楼大厦在外观上没有任何孔洞、随处可见的透明玻璃幕墙成了空中“杀手”、繁华的街景照明让它们几乎无处安身……

雨燕 （万伟 摄）

从此，雨燕漫天飞舞的景象只能成为老北京人的回忆。

唤燕归来

“北京雨燕对维护北京生态平衡起着重要作用。”一直关注雨燕保护的北京生物多样性保护研究中心郭耕介绍，北京夏天腻虫多，这是一种趋黄光的蚜虫，孤雌繁殖，不需要雄性，一只雌蚜虫一年繁殖的面积就能把地球盖满，而雨燕就是控制蚜虫的鸟类之一。另外，通过分析化验雨燕羽毛、粪便中的重金属含量，可以了解它活动范围内的环境质量。

为了让北京雨燕重回故乡，在过去的几年，北京一方面开展了监测雨燕迁徙路线，开展了恢复湿地生态条件等多项研究并采取了多种保护措施；另一方面，古代建筑也在以更开放的姿态欢迎雨燕回家。

2018 年，雨燕栖息数量最大的正阳门启动“古建保护与城市生态”课题研究，对栖息在正阳门城楼上的雨燕种群开展了生态调查与科学保护，寻找文物古建保护与野生动物保护的平衡点。通过提取北京雨燕巢穴及粪便微生物DNA，定量分析其对正阳门砖木古建筑的影响程度。结果显示，雨燕粪便的酸碱度呈中性，巢穴的微生物菌群检测也没有发现对木构件有降解或腐蚀的菌种，这都说明北京雨燕对木质古建不构成实质性影响。目前，正阳门科研团队继续深化此研究成果，希望通过三年的数据采集，研究雨燕粪便对古建筑油漆彩绘的影响。

“正阳门不设防鸟网，这是带了一个好头。” 郭耕认为，“雨燕只是利用古建的缝隙筑巢产卵，相当于借着房梁安个家。”实际上，不只是北京，全国各地的古建筑里面都有鸟类居住，并没有出现因此而损坏或者坍塌的问题，相反鸟类吃虫子，对古建筑还起到保护作用。“保护传统建筑和保护自然其实是一致的。”郭耕说。

如今，好消息传来，根据北京市野生动物救护中心 2021 年调查数据推测，北京城区的雨燕数量繁殖前约为 5 000 只，繁殖后能达到 10 000 只左右，而全市北京雨燕的总体数量会更多。北京雨燕的种群正逐渐回归、壮大。

好消息不止一个，还有一份意外惊喜。一向喜欢在高大古建栖息的雨燕，正在逐步适应现代化的城市生活，它们开始在立交桥下的缝隙、现代建筑外侧等适合筑巢的犄角旮旯搭起巢窝，建起了新的“生活圈”。

我们可以看见，每当春夏之际，晨昏之时，伴随着此起彼伏的悦耳鸣叫，红墙碧瓦、楼阁高台上，北京雨燕盘旋飞舞、相互竞逐的情景。我们能够见证，在 7 月 1 日庆祝中国共产党成立 100 周年大会现场，天安门广场雨燕环飞、人燕相亲的历史时刻。我们更可以想象，不单单是在北京，沿着“一带一路”通道迁徙的路上，无论是在天山、在伊朗、在非洲，雨燕见证了广袤富饶的平原，碧波荡漾的水乡，辽阔壮美的草原，浩瀚无垠的沙漠，奔腾不息的江海，巍峨挺拔的山脉，给沿途的人们带来欢乐、带来生机，串起了人类命运共同体的喜乐共情。

在沙漠边缘“吃草”

| 陈博宜 |

沙，是大自然风、雨共同的产物。海边的沙，绵柔黏润，而沙漠的沙，细小轻柔，总是不忍离开触碰过它的任何物体，像是温柔的抚摸，更像有难舍的深情。

在吉林省西部白城市通榆县新合屯，这片科尔沁沙地边缘地带，沙——总是在农田和沙漠之间来回拉扯，就像个嬉闹顽皮的孩子，不时兴奋地将庄家淹没，漫天黄沙，不时安静地蜷缩在某个角落，看着人们满脸洋溢着丰收的喜悦。

开门吃沙，成了当地人的家常便饭。直到21年前，这里来了一个人，他叫万平，带着40多名村民一起挖坑、种树、浇水，投进了筹措的30万元资金，只为“驱赶”这调皮的黄沙。

单调的黄色沙漠突然来了几万棵绿油油的大家伙，黄沙们纷纷“组团”来欣赏，你争我夺地和这些绿树们嬉戏打闹。这几万棵“外来户”，怎经得起这热情的地主之谊，相继水土不服。

就这样，“老万老万，干赔不赚”的顺口溜在屯子里流传开来。但好消息是，万平不再是一个人，更多以持续改善生态环境、恢复生物多样性为目的的志愿者们慕名而来，这其中也包括万平的女儿万晓白和她的丈夫。

经过多年和黄沙的战斗，3万棵杨树终于在7年里“亭亭玉立”；沙化草原生态修复区，也从一块扩展到五块。尽管几块草原生态修复区面积都不大，却能和黄沙和平相处，创造可以轮牧的环境。

就这样，“吃沙”的时间越来越少，相反，草香开始逐渐飘满周围。“吃草”成为现实。

边开放边保护，临时吃草有约定

“牛早上吃草的时间较早，5 点多就得牵来。”“牛倒嚼不能在固定地方，不然草都给压坏了。”

2021 年 8 月 17 日，新合屯村民正在和科尔沁沙地生态示范区的负责人沟通草场临时开放的具体事宜。由于今年当地降水丰沛，淹没了示范区外大部分供牛啃食的青草，原本计划明年才开放的示范区草场，因此临时向村民开放。

随着示范区负责人、牧牛户、新合屯公共事务服务核心组负责人三方签下临时有偿有序牧牛《约定》，这块长 1 000 米、宽 1 000 米的生态示范草场，开启它十几载岁月中的第三次开放游牧时间。在接下来的一个半月里，将有 50 头牛在此啃食青草，过上让其他牛“羡慕”的生活。

这块示范区最多可以承受 80 头肉牛同时啃食，但出于保护草场的考虑，仅向 50 头牛开放。边开放边保护，是示范区秉持的理念。

通榆县环保志愿者协会执行会长、示范区草场负责人王春玲告诉我，想来喂养肉牛的村民太多，只能通过“抓阄”来决定哪些牛进来。

正如我们看到的一样，示范区周边的村民已经开始享受生态恢复、环境改善带来的生态效益，他们“吃”上了草的红利。

坚守绿色信念，沙地终变绿洲

岁月变迁，春夏轮回，在这片科尔沁沙地边缘，一群人与黄沙争时间、抢绿色、保生活。他们红晕的脸颊映衬着的是生态改善、恢复生物多样性的心。

通榆县林草部门登记的数据显示，通榆县所在的科尔沁草原区域野生草原植物达 129 种。在风沙侵袭、环境恶化时，这一数字曾急剧下降。如今，通榆县环保志愿者协会已经将野生草原植物种类恢复至 118 种，田鼠、蛇、苍鹰、獾子、野鸡、野兔等野生动物也回归栖息。

看上去是数字的变化，实则是信念的坚守、理念的传承、梦想的延续。

“90 后”的郝波，从 8 岁开始就跟随万平种树、种草，如今已近而立之年。

示范区草长莺飞、绿意盎然　（潘瑜　摄）

郝波现在是这片生态示范区的巡护员，一年 365 天，每天都要走 4 千米的坑洼路，察看护栏网有无损坏，是否有盗猎者闯入。这样的巡护，他已经坚持了快 3 年时间。

和郝波一样，从小就参与环境保护的王也，将绿色理念言传身教给 12 岁的女儿甜甜。甜甜出门的必备品是一个袋子，她会将产生的垃圾放到袋子里，直到看到垃圾桶才扔掉。甜甜还经常参加志愿者协会组织的生态环保小课堂，学习认识各种动植物，学会如何保护它们。

“环保小课堂不仅吸引了当地中小学生，来自北京、上海，甚至是国外的中小学生也来参加。”如今担任通榆县环保志愿者协会秘书长的万晓白说，还有些家长特意带着即将走进校园的孩子来这里参加升旗仪式，给学生们上一堂学前生态环境保护教育课。

此外，志愿者还会带学生们深入科尔沁沙地，亲身感受风沙肆虐的环境，再到附近生态环境较好的湿地，对比感受良好生态系统的舒适。希望以此让孩子们对保护环境、恢复生物多样性有更深的体会。

“沙海同舟、绿色同心。”如果说万平代表的是这里治沙的“探索者”，那么万晓白就代表的是“实践者”，郝波和王也代表的是“拓展者”，甜甜代表的就是“希望者”。几代人通过不懈努力摸索出了经验教训，未来的路还需要“希望者”们继续前行，不敢懈怠。

“春天不再受沙尘侵扰，就是我的梦想。”郝波说，他会用自己的微薄力量，多种树，多护草，让生态环境更好，让村民更富足。

而万晓白心中梦想是：由现有草场向南延伸 100 千米的生态示范草场，形成天然隔离带，防风固沙。就在这个梦想的最南端，一个 0.6 平方千米的生态示范草场护养区已经在白城市包拉温都蒙古族乡建立。未来，两个绿色端点将逐渐向中间聚拢，像一条绿色丝带一样，在这片黄沙中飘飘而起。

科尔沁沙地的黄沙远望着这片绿油油的土地，好动地来回旋转，充满好奇。这片绿油油土地的主人们远望着沙地里的黄沙，温柔而坚定的眼神中，充满希望。这不是战场，而是和谐、平衡、共生的签约地。

让城市在自然中诗意栖息

| 夏莉 |

北京市大兴区的南海子麋鹿苑自然保护地，两只国家二级重点保护野生动物灰鹤正带着刚刚满月的小灰鹤在湿地的草丛中觅食，大鹤不停地用“匕首”般的喙一下一下翻啄，毛茸茸的小鹤紧跟在旁边，亲子景象一派自然祥和。

“这两只大灰鹤是2004年左右从野生动物园引入的，一直没有筑巢繁殖。这次它们的繁殖完全由其自然选择巢址，筑巢、孵化和育幼未进行任何人工干预。”北京生物多样性研究中心生态研究室主任钟震宇介绍，“新疆北部和东北北部是灰鹤在我国的繁殖地，北京只是它们的越冬地，这次灰鹤在北京自然孵化繁殖，从一个侧面反映了麋鹿苑自然保护地的环境和生物多样性保护链已经基本成熟。”

北京地处华北平原西北端，被太行山和燕山山脉环抱，永定河、潮白河、北运河、蓟运河和大清河分布全域，形成了森林、湿地、农田、山地等层次丰富的生态系统，大面积的山地环境和丰富的湿地资源成就了生物的多样性。

让自然保护地成为生物多样性的“天堂”

百花山葡萄、北京无喙兰、北京水毛茛、丁香叶忍冬、扇羽阴地蕨、槭叶铁线莲、轮叶贝母、大花杓兰、铁木……以“绿”为底的北京，给珍稀濒危植物的回归提供了沃土。随着自然保护力度的不断加大，这些一度黯然隐身的鲜活生命又惊艳现身。它们的回归一方面丰富了植物多样性，另一方面更显示了北京自然环境的不断改善和持续向好。这是大自然对北京的慷慨馈赠和点赞褒奖。

数据显示，截至 2020 年，北京地区共有维管束植物 2 088 种，其中有百花山葡萄、紫椴、黄檗、野大豆等国家级重点保护野生植物和北京水毛茛、槭叶铁线莲等北京市重点保护野生植物；陆生脊椎野生动物 581 种，其中有褐马鸡、黑鹳等国家重点保护野生动物和豹猫、大白鹭等北京市重点保护野生动物。

“我们正在积极推进适当比例的自然带建设，在这些划定的自然生态空间里，最大程度地减少人为干预，更多地提供适合野生动植物栖息地，助力野生动植物的恢复、生存和发展。”北京市园林绿化局相关负责人介绍，“北京自 1985 年建立松山、百花山两处自然保护区以来，经过近 40 年的努力，先后建成森林公园、湿地公园、地质公园、风景名胜区等各级各类自然保护地 79 处，总面积 3 680 平方千米，全市 22% 的土地已经被纳入自然保护地，形成了以自然保护区为基础、各类自然公园为补充的生物多样性保护的空间格局。”

遍及城乡的葱郁森林，让城市变得会呼吸、有生命。自 2012 年北京连续开展两轮百万亩造林工程以来，累计完成植树造林 1 246 平方千米。特别是近年来，北京遵循“复层、异龄、混交”的方式和“乡土、食源、长寿、抗逆、美观”的树种选择原则，形成了多样化的植被。通过划建自然保护地，开展野生动植物栖息地的保护和生境修复，持续扩大绿色空间，北京的森林和湿地总量持续增加，森林覆盖率已经达到 44.4%。北京正以咬定青山不放松的劲头儿，深入推进习近平生态文明思想、习近平总书记对北京的系列讲话精神贯彻落实，在京华大地枝繁叶茂、硕果累累。

“动物之家”入驻公园

“如果在林地中见到一个土堆，种着蔷薇等多刺丛生的植物，上面还散落着许多石块、枯树枝，这可不是荒草垛，而是为了吸引小动物专门搭建的生物多样性提升设施，名字叫‘本杰士堆’，是缘于从事动物园园林管理的赫尔曼·本杰士和海因里希·本杰士兄弟基于野地生存观念和自然演替规律的一项发明。”

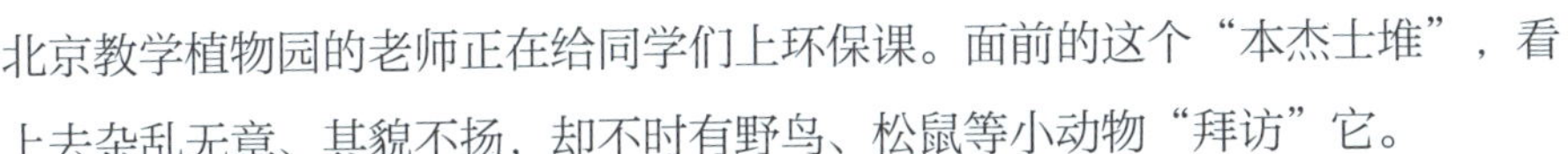

北京教学植物园的老师正在给同学们上环保课。面前的这个“本杰士堆”，看上去杂乱无章、其貌不扬，却不时有野鸟、松鼠等小动物“拜访”它。

“每一个‘本杰士堆’都是一个微缩但完善的生境。例如，鸟喜欢‘本杰士堆’，因为里面有虫子，虫子在这里生存是因为植物丰富，植物因微生物的代谢而获得丰富养分所以生长旺盛，动物的代谢产物又滋养了微生物的发展。”老师告诉同学们，“‘本杰士堆’中心的土壤负责让植物茁壮生长，外部的干树枝、石块既可以让小型野生动物在下面筑巢，还能保护植物的根不被啃食，这样‘本杰士堆’就能持续不断地为食草动物提供新鲜食物，吸引动物在附近安家。动物来了，生物多样性增加了，生态系统也就完整起来。”

随着平原百万亩造林工程和新一轮百万亩造林绿化等重点工程的实施，北京的绿色空间迅速扩大，正经历着由高速增长向高质量发展的重要转变。北京在不断扩大绿色空间的同时，更加注重野生动物栖息地的保护和营建，增强林

苍鹭 （钟震宇 摄）

地绿地的生态系统服务能力，丰富生物多样性，让人、城市和森林和谐统一。

据了解，“十四五”期间，北京计划在每个城市公园都建设一处“本杰士堆”，在面积更大的森林、郊野公园，每 1 000 亩建设一处。同时，配植食源、蜜源植物，结合雨洪蓄滞建设小微湿地，为野生动物提供食物、水源和隐蔽地。

“近自然”理念让城市充满生机

盛夏的北京，奥林匹克森林公园生机勃勃。卉木萋萋，芳英满甸，松鼠在枝头跳来窜去，野鸭和鸿雁在水塘里嬉戏，黑斑蛙蹲在水边闭目养神，夜跑的人们还能听到过路的刺猬摩擦地面发出的沙沙声。

监测显示，奥森公园的生物多样性居北京城市公园之首，光是鸟类就达到了 306 种，约占全北京鸟类记录的 60%。

世纪之初，这座因奥运而生的城市公园就是“近自然”理念的实验地。经过十余年时间的考验，它如今成为保护和恢复生物多样性的城市生境。

“近自然”，就是顺应自然规律、依托自然条件、借助自然力量、模拟自然形态，开展更加精细化的设计和管护。2001 年北京申办夏季奥运会成功后，在“绿色、科技、人文”三大理念的指导下，于 2003 年启动了奥森公园的规划设计。奥森公园占地 6.8 平方千米，横跨北五环路，既是重要的奥运配套设施，也在赛后成为京城北部的大型城市公园。

如今，奥森的湿地里，芦苇长得比人高，成片的千屈菜开出紫红色花朵，菖蒲、水葱、莲花渐次舒展……正是如此多样的生境，使得奥森公园成了鸟的天堂，中华攀雀、栗耳鹀、鹪鹩、北棕腹鹰鹃都在这儿安了家，如果幸运，还有可能碰到“鸟中大熊猫”——震旦鸦雀。

另外，不起眼的乡土地被植物，在奥森公园也成了绿化的“正规军”。2019 年，北京举办了首届“自然观察节”，参赛者要在一天之内，比拼谁找到的动植物最多。植物组冠军获得者没有东奔西跑，只待在奥森公园就足足拍摄到了 200 多种乡土植物。

北五环路将奥森公园分割为南北两园。登上 246.8 米高的奥运塔观景台，

图 1
图 2 | 图 3

图 1　黄檗　（于宁宁　摄）
图 2　小叶树平藓　（于宁宁　摄）
图 3　大花杓兰　（陈龙　摄）

凭栏北眺，奥森公园的绿色画卷一直向北延伸，南园山环水抱，仰山、奥海互相辉映；北园密林蓊郁，河流纵横交织。湿地、草地、森林、河流、农田……正是这些丰富多层次的生态系统，为野生动植物的恢复提供了良好基底。一条遍植花草的生态廊桥飞架南北，为小型哺乳动物和昆虫提供了迁移的通道，这是我国首个城市公园的生物通道。它全长 270 米，最宽处 200 多米，最窄处也有 60 米，覆土深达 1.8 米，以小乔木、大灌木为主。曾有游客拍下照片：一只雉鸡拖着斑斓的长尾巴，在廊桥上悠闲走过。

摸清家底有助于科学保护。2020 年，北京市启动生物多样性调查，将全市划分为 212 个网格，对部分网格生态系统多样性以及哺乳动物、鸟类、两栖类、鱼类、昆虫、藻类等物种多样性开展了全面调查。北京市生态环境局自然生态保护处处长曹志萍介绍，目前，已实地记录各类物种 5 086 种，发现 70 种北京新记录种，其中中国新记录种 12 种。在此基础上，制订了北京市 2021—2025 年生物多样性调查方案，计划利用 3 ~ 5 年时间，持续开展调查，分析整理调查成果，形成北京市生物多样性系列调查报告。

“蜜”切关注，只想为你重建美好家园

| 张馨予　李海宾 |

刀光剑影，剑拔弩张，这不仅仅是一场中华蜜蜂和意大利蜂的殊死较量，更是一场“物种资源保卫战”。

我们都认识飞舞在百花丛中的小精灵——蜜蜂，但大部分人却不知道，我们现在平常所见的蜜蜂大都是从西方引进的意大利蜂，而非中华大地上土生土长的中华蜜蜂。面对外来物种——意大利蜂，中华蜜蜂遭遇了严重的生存危机，濒临灭绝。

2006 年，中华蜜蜂（以下简称中蜂）被列入农业部《国家级畜禽遗传资源保护名录》，相当于“蜜蜂界的大熊猫”。

蜂蜜虽甜，中华蜜蜂的日子却苦

每当提起中华蜜蜂，辽宁省丹东市宽甸满族自治县的公益诉讼检察官李海宾都会忧心忡忡。原来，宽甸县地处长白山脉与千山山脉的过渡地带，植物种类达 1 800 多种，其中蜜源植物百种以上，这为中华蜜蜂的生存和发展提供了广阔空间，所以宽甸地区一直是中华蜜蜂的温馨家园。

可是近几年随着意大利蜂的引入，中华蜜蜂遭遇严重的生存危机。外地放养意大利蜂的人员逃避监管，侵入中华蜜蜂养殖地区放蜂，占领了原本属于中华蜜蜂的家园；意大利蜂携带的白幼病、巢虫病等“传染病”，使中华蜜蜂受到感染，大批死亡；意大利蜂还直接攻击中华蜜蜂，时常干扰雄蜂与蜂王交尾，影响其种群繁衍。

张大爷讲述中华蜜蜂养殖经历

行政机关整改后，检察官们到重要地段复核保护标示牌设立情况

霸占家园、传染疫病，还不让繁衍下一代！面对这个“劲敌”，中华蜜蜂举步维艰。为保护中华蜜蜂品种资源，促进传统特色产业健康发展，宽甸县人大常委会及时制定了《宽甸县长白山型中华蜜蜂品种资源保护条例》（以下简称《条例》），并于 2019 年 5 月 10 日起正式施行。

《条例》出台了，保护开始了，照理说，小蜜蜂们应该过上好日子了。然而，有一天，李海宾和往常一样在田间地头查看现场时，一名独自坐在家门口伤心落泪的老大爷吸引了他的注意。

“我孙女上大学的学费全指望这 200 箱蜂了，现在却变成这样……”老大爷哭诉着。原来张大爷养了 200 箱中华蜂，最近家附近搬来了几个外地养蜂人，他们养了 300 箱意大利蜂。

“咱的蜂没有人家的蜂体格大，打不过，一只意大利蜂的小工蜂就能混进中蜂的蜂窝里杀死蜂王，我的 200 箱蜂不到一个礼拜就都散了，我赔得血本无归啊。”张大爷抹了把眼泪，颤颤巍巍地带检察官去看他那早已空空如也的蜂箱。

这一幕让李海宾痛心不已，同时心生疑问，保护条例不是已经开始施行了吗，为什么中华蜜蜂生存条件还是如此艰难？带着大大的疑惑，李海宾继续赶往下一个村镇查看情况。

接连走了几个地方，情况都和张大爷家如出一辙。李海宾一下子心急如焚，“这怎么能行，条例已经施行一个月了，一点实打实的保护举措都没有，再磨蹭半年，中华蜜蜂都快灭绝了，到那时候再谈保护还有什么意义！”

蜜蜂虽小，生物多样性保护责任却大

一方水土养一方人，蜜蜂虽小，责任却大。中华蜜蜂不是入侵者的对手，生存空间被大大挤占，可是华夏大地上的本土植物，早就和它们的“老搭档”中华蜜蜂进化出了高度匹配性。是中华蜜蜂，为那些在低温中绽放的早春花传播希望；也是中华蜜蜂，始终耐心造访那些意大利蜂不屑一顾的零星蜜源、粉源。养蜂人常说，中华蜜蜂是“吃苦耐劳”的代名词，再小的花蜜它们都肯采。如果中华蜜蜂大幅度衰减，有些植物家族或许就此没落，生态平衡受到威胁，如果危害持续下去，将会对宽甸地区中华蜜蜂生物多样性和相关产业的发展造成毁灭性打击。

“一刻都不能再等了！”从这一天起，李海宾开始了他的“追蜂”生活。他走遍了宽甸地区周边有中华蜜蜂的区域，一户户查看，跟养蜂人深入交谈，观察蜜蜂生存现状。经了解，尽管《条例》颁布实施近一个月，但中华蜜蜂品种资源保护区周边主要路口、重要地段并没有按照《条例》规定设立保护标识牌；由于缺乏宣传告知，保护区内外相关人员对《条例》的颁布实施不了解；保护区内仍然有大量外来意大利蜂饲养者进入。宽甸县相关责任部门也未尽到监管职责。

实地勘察后，李海宾针对发现的问题，写成书面调查报告。随后，宽甸县人民检察院针对中华蜜蜂品种资源保护问题向地方党委、人大等部门进行了详细汇报，并正式向宽甸县农业农村局发出诉前检察建议，要求其依法全面履行法定职责，采取有效措施保护中华蜜蜂品种资源，并提供了详细的实施方案。宽甸县农业农村局积极整改，通过设立警示牌、强化宣传、加大保护区巡查执法力度等举措，切实起到了有效的保护作用。

如今，在大家的共同努力下，10 个“长白山型中华蜜蜂品种资源保护标

识牌”醒目地立在重要地段。县政府网站、县电视台、县报以及丹东日报等主要新闻媒体广泛宣传保护中华蜜蜂的重大意义。400 多本厚厚的宣传册、几千份生动形象的宣传单送到了老百姓的手里，几十户意大利蜂养殖户被驱离……土生土长的中华蜜蜂守住了自己的家园。

随着宽甸县《< 长白山型中华蜜蜂品种资源保护条例 > 实施办法》及中华蜜蜂品种资源保护和产业发展规划的制定及出台，更加细化了保护措施，明确了相关职能部门的联动机制和各自职责，完善了网格化监管制度，加强了对中华蜜蜂品种资源保护的法制化、规范化、常态化的监管，对地区生物多样性保护起到巨大推动作用。

保护区内中华蜜蜂品种资源也在有效保护的基础上正稳步发展。据不完全统计，截至 2020 年年底，保护区内中华蜜蜂种群数量已由 2018 年的 25 000 群发展到约 33 000 群。计划到 2025 年，将发展至 60 000 群，非

整改后，中华蜜蜂存活状态好

中华蜜蜂

保护区种群发展到9 000群，保护区内中华蜂规模养殖场扩大至120个，到2025年末保护区内意大利蜂养殖量为零。

2020年7月，辽宁省宽甸县中华蜜蜂品种资源保护行政公益诉讼案入选全国检察公益诉讼十大典型案例。通过大力宣传，加上典型案例的引领示范作用，让更多人知道了中华蜜蜂的困境，也有更多的人自发走进了保护中华蜜蜂的行列。

云南多方联动助力北移象群南返

| 蒋朝晖 |

2021 年 8 月 8 日 20 时 8 分，云南 14 头北移亚洲象安全过桥，渡过元江干流继续南返，加上 7 月 7 日已送返西双版纳国家级自然保护区的雄性亚成体独象，北移的 15 头亚洲象全部安全南返，象群总体情况平稳，沿途未造成人、象伤亡。

为保障象群安全迁徙，维护沿途人民群众生命财产安全，云南省及时成立北移亚洲象群安全防范省级指挥部，启动北移亚洲象群安全防范专项工作，各级各相关部门紧密配合、大胆探索，采取多种强有力措施，科学有序引导象群回归家园。这次亚洲象群迁移，成为名副其实的科普之旅、探索之旅、保护之旅，引起国内外和社会各界广泛关注。

政府主导全民参与，务求实现人象安全

2020 年 3 月，北移亚洲象群离开原栖息地——云南西双版纳国家级自然保护区，2020 年 7 月进入普洱，2021 年 4 月 16 日从普洱市墨江县进入玉溪市元江县，离开其传统栖息地。4 月 16 日以来，北移亚洲象群迁移 110 多天，迂回行进 1 300 多千米，途经玉溪、红河、昆明 3 个州（市）8 个县（市、区）。

这次亚洲象群北移，对云南各级党委、政府及各相关部门来说都是一次严峻的考验。

云南省委、省政府高度重视亚洲象群北移安全防范和应急处置工作，多次召开专题会议研究，要求千方百计确保人象安全，科学有序引导象群回归家园。

各地政府勇于担当、主动作为，沿途群众积极配合、理解包容。

据了解，国家林草局派出了由局领导带队、各有关司局负责人组成的指导组，省级成立了由林草、应急、森林消防、公安等部门组成的指挥部，沿途州（市）成立以党委、政府领导为指挥长，各相关部门组成的现场指挥部，各有关县（市、区）抽调林草、公安、应急等部门人员，并整合电力、通信、交通、宣传、教育等部门力量，调动乡镇（街道）、村组党员干部，组建综合协调、技术保障、监测预警、安全管控、群众工作等多个专项工作组，形成了国家指导、省级统筹、属地负责的安全防范和应急处置体系。云南及时出台北移亚洲象群《保护与助迁工作制度》《安全防范常态化工作方案》和《应急管控方案》，形成"上下协同、前后衔接、专业有序"的工作机制。

截至 2021 年 8 月 8 日，云南省共出动警力和工作人员 2.5 万多人次，无人机 973 架次，布控应急车辆 1.5 万多台次，疏散转移群众 15 万多人次，投放象食近 180 吨。

发动群众开展全民护象，对助力象群"南返"起到了十分重要的作用。相关各地在象群途经区域采取"熄灯、关门、管狗、上楼"等方法，排除人为干扰，确保象群安然通过多个重要关口。象群北移过程中，各地群众和企业表现出了极大的宽容和耐心，积极支持配合保护防范工作。在玉溪，村民看着被象群吃掉的庄稼表示，庄稼吃掉了明年可以长，大象如果伤亡了就没有了。在红河，为了不惊扰象群，居民庆祝传统节日时，不搞庆典，不点火祈福，转而通过粘贴"吉"象标语、为人象和谐送祝福、绘出心中吉"象"等方式，表达对亚洲象的爱。

北移亚洲象群安全防范工作省级指挥部指挥长、云南省林业和草原局党组书记、局长万勇认为，亚洲象北移途中的一幕幕感人场景，体现了全民爱象护象的精神，成为中国促进人与自然和谐共生的生动范例。15 头亚洲象安全南返，充分展示了政府高效的治理能力，彰显了云南全省上下保护野生动物、维护人与自然和谐的坚强决心和坚定信心。

围绕“盯象、管人、助迁、理赔”八字方针科学施策

在实施北移亚洲象群安全防范和应急处置工作中，各级各部门坚持在野生动物专家指导下科学决策。

据了解，国内外野生动物专家对此次象群北移处置给予了大力支持，提出大量有益的意见建议。国家林草局亚洲象研究中心、中科院昆明动物研究所、云南大学、北京林业大学等单位 13 名专家组成北移象群处置专家组，全程提供科学指导和技术支撑。云南省野生动植物救护繁育中心、西双版纳亚洲象繁育与救护中心、昆明动物园、云南野生动物园，以及西双版纳州和普洱市的专业技术人员 30 余人组成专业“护象队”，全程指导布防工作。

这次亚洲象群北移，历时久、路程长，省级指挥部以问题为导向，制定“盯象、管人、助迁、理赔”八字方针。严密监测——通过地面人员跟踪与无人机监测相结合的方式，对象群实施 24 小时立体监测，实时掌握和研判象群活动路线。超前防范——对亚洲象可能经过的区域，提前进行交通管制，疏散转移群众，避免人象接触。科学引导——采取封堵重要路口、动态鸣警、科学投放食物等方式，多次成功阻止象群进入人群密集区域，帮助象群折返迁移。及时理赔——启动野生动物公众责任保险定损赔付工作，维护人民群众合法权益。截至 2021 年 8 月初承保公司共受理亚洲象肇事损失申报案件 1 501 件，评估定损 512.52 万元，相关赔付工作正有序推进。

北移亚洲象群专家组成员、云南大学生态与环境学院教授陈明勇认为，元江水系是北移象群返回原栖息地的重要地理节点，是亚洲象栖息地适宜性的一条分界线。北移亚洲象群渡过元江干流，对其回归适宜栖息地、促进“人象和谐”、开展亚洲象后续保护管理都至关重要。但如何协助象群安全渡江是一道难题。

元江干流是北移亚洲象群“南归”最大的障碍。北移亚洲象群 5 月 11 日渡过元江干流时正值枯水期，水流量小。象群向南折返时正值雨季，元江干流处于丰水期，水面宽、水流急。对于带着幼象的象群来说，此次自行渡江难度

较大。

为此，省、市、县三级指挥部在科学选择渡江点、科学规划助迁线路、严守人象安全底线等方面下足功夫。指挥部制定了从水域和桥面渡江的两套方案。通过提前勘察地形，预判象群迁移活动路线，综合考虑象群的移动速度和活动节律，预设了适宜的取食、取水和休憩地点，并按照预设路线布设移动脉冲电围栏等安全防范设施，结合补食补水诱导、人工开路避开人口密集区等工程，最终协助象群到达适宜渡江的地点，顺利渡江，人象平安。

迁移扩散不可避免，国家公园建设提上日程

目前，北移亚洲象群虽已安全通过元江，但相关安全防范和应急处置工作还将持续，直至象群进入普洱市墨江县适宜栖息地后，转由普洱市、西双版纳州实施常态化管理。万勇表示，云南省将系统总结本次北移象群安全防范工作经验，综合施策，防止亚洲象再次向元江以北迁移。此次亚洲象群北移处置工作只是云南野生动物保护工作的一个缩影，亚洲象保护任重道远。

调查监测显示，近年来，云南野生亚洲象种群呈现 3 个明显变化：一是数量增长，由 1978 年的 150 头左右增长至目前的 300 多头。二是种群扩散。20 世纪 90 年代中期，亚洲象仅分布于西双版纳和南滚河两个国家级自然保护区内。到 2020 年年底，亚洲象长期活动范围已经扩大到云南省 3 个州（市）11 个县（市、区）、55 个乡镇，且大量活动于自然保护区外。种群扩散已成为当前亚洲象分布动态变化的总趋势。三是习性改变。随着全面禁猎措施的实施，野象由原来的“怕人”变成了现在的“伴人”活动，频繁进入田地和村寨取食，食性已发生改变，人象活动空间高度重叠。

那么，象群是否会再度北移？

北移亚洲象群专家组成员、云南西双版纳国家级自然保护区管护局高级工程师沈庆仲表示，答案几乎是肯定的。历史上，亚洲象曾经遍布黄河流域至云贵高原的大片区域，对它们而言，迁移是正常的行为。迁移有助于野象寻找新的栖息地和开展种群间的基因交流。并且大象的智力水平很高，具有一定的思

图 1
图 2 图 3

图 1　2021 年 6 月 2 日，象群进入昆明市晋宁区双河乡

图 2　2021 年 6 月 6 日，象群休息中

图 3　2021 年 6 月 8 日，象群进入玉溪市易门县十街乡

图 1 | 图 2
图 3

图 1　2021 年 6 月 17 日，象群进入玉溪市峨山县大龙潭乡

图 2　2021 年 7 月 5 日，象群进入玉溪市新平县扬武镇

图 3　2021 年 8 月 8 日，北移亚洲象群安全过桥渡过元江干流继续南返

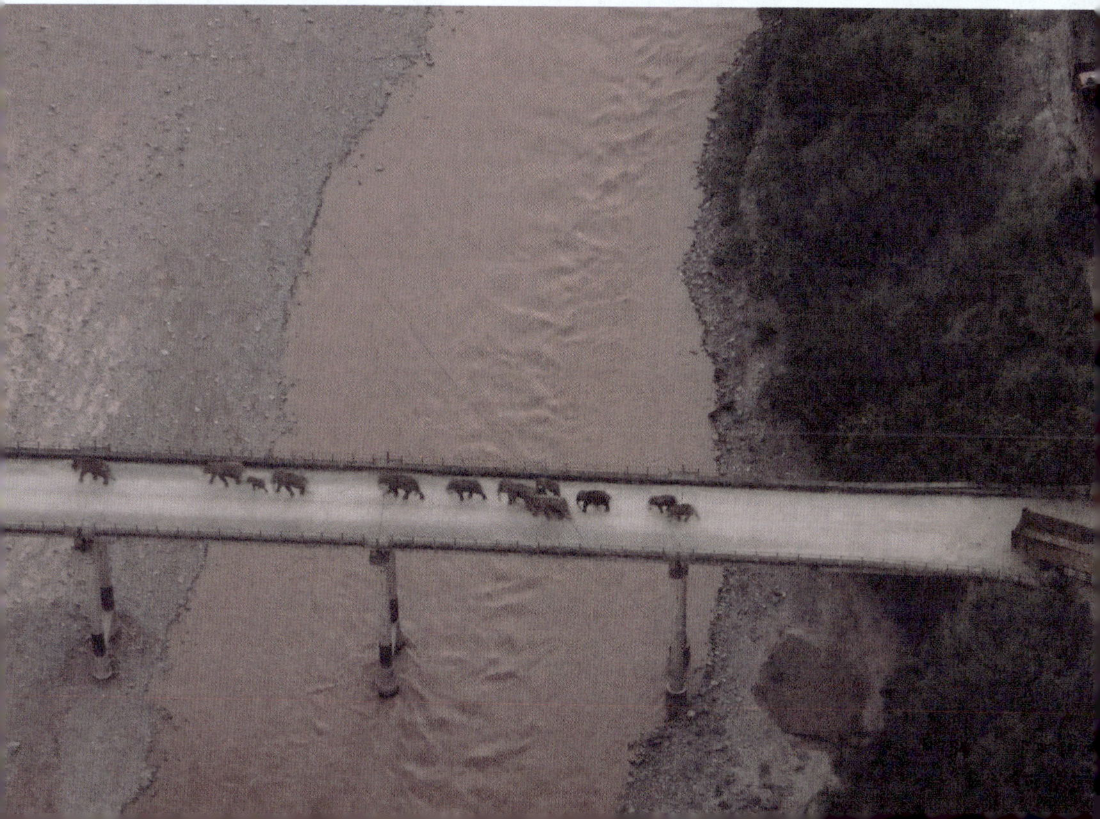

2021 年 8 月 9 日，云南省人民政府新闻办公室召开“北移亚洲象群安全渡过元江”新闻发布会

维能力，对于迁移的路线能够形成记忆地图。大象对生存环境的适应能力也较强，每次成功翻越高山、跨越桥梁或者利用人工设施的经验，都可能得到累积和传承。随着种群数量的快速增长，云南野象扩散与迁移十分常见。今后，亚洲象还是可能会出现大范围的迁徙事件，可能是“短鼻家族”，也有可能是其他族群或独象。

沈庆仲认为，现阶段，构建完善的监测防控体系，运用合适的技术手段对亚洲象活动进行有效管控，尽可能避免亚洲象大规模迁移扩散，至关重要。他建议，进一步全面分析总结亚洲象北移的经验教训，科学论证利用元江、通关、哀牢山等天然屏障部署防线的可能性，尽量将象群活动范围控制在适宜栖息地区域。

万勇表示，亚洲象保护和安全防范是一项系统工程，是关系云南生物和生态安全、公共安全管理的难点问题。目前，国家把以亚洲象为主要保护对象的国家公园建设提上了日程，将通过整合优化现有栖息地范围，建立统一的保护管理体系，进一步提升亚洲象保护和安全防范能力水平。下一步，云南省将加快推进亚洲象国家公园创建，着力加强亚洲象栖息地建设，进一步强化监测预警、安全防范和应急处置体系建设，全力以赴促进人象和谐。

亚洲象保护和安全防范需要驰而不息，久久为功。云南省将积极推进亚洲象种群和栖息地系统保护，创新生态保护管理体制机制，科学实施亚洲象跨区域保护和栖息地自然生态保护修复，促进人与自然和谐。

疣鼻天鹅的中原之恋

| 王争亚 |

2021 年 4 月下旬，央视新闻和经济频道分别播出了郑州龙湖疣鼻天鹅产仔育雏的新闻。动物繁育后代，按说是一件平常的事情，何以让媒体如此关注？事情还得从 2020 年年初说起。

春寒料峭的 2020 年初春时节，分处郑州东西两端的龙湖和贾鲁河各飞来两只当地人难得一见的珍稀动物——疣鼻天鹅，这让当地的民众和鸟类爱好者都有了一份意外的惊喜。

两对白色精灵的到来，给早春时节还有几分萧瑟的龙湖湿地公园和贾鲁河带来了生机和灵动，天鹅优雅洁白的身姿吸引了无数人的目光，两片水域也成了网红打卡地。

蓝天白云之下，盈盈春水之上，姿态优雅的白天鹅，让人真切地感受到大自然的和谐与美好。春天是一个爱的季节，两对相亲相爱的天鹅终日形影不离，它们或四处觅食、或卧波小憩，演绎着浪漫的爱情乐章，也埋下了爱情的种子。

初夏时节，两对天鹅伴侣的恋情终于结出了爱的果实。2020 年 5 月上中旬，在自然条件下成功孵化的两窝、共 13 只小疣鼻天鹅在世人面前惊艳亮相。目前，这 13 只天鹅除一只不幸夭折外，其余 12 只均已长大。

实际上，疣鼻天鹅是一种典型的候鸟，它们的繁殖地和越冬地原本都不应在中原地域。正常情况下，秋冬季它们会从遥远的北方迁徙至长江中下游地区越冬。春季，又会从越冬地飞返北方完成代际繁衍。冬去春来，天鹅年复一年地演绎着回响在蓝天之上的生命壮歌。但令人称奇的是，这两对天鹅在来到中原一年半的时间里居然始终“按兵不动”。尤其是在迁徙季节，南来北归的候鸟在郑州水域湿地作短暂停留后，再次踏上迁徙征程时，这两个天鹅家族却不为所动，本来的候鸟居然成了留鸟。

然而给郑州市民和众多鸟类爱心人士带来更多惊喜的是，恋上郑州的天鹅还在延续着它们的中原传奇。今年 4 月中旬，生活在龙湖的这一对成年天鹅居然又成功孵化出了 9 只天鹅宝宝。刚刚来到这个世界的天鹅宝宝一身茸毛，萌态十足，可爱至极。两只大天鹅则终日寸步不离地悉心呵护着它们的宝宝。

没有人工干预，疣鼻天鹅在完全自然条件下连续两年成功繁殖后代，数量也从当初的 4 只增加到现在的 20 余只，这在郑州野生动物繁育的历史上是绝无仅有的奇迹。

两个疣鼻天鹅家族选择留住郑州，与郑州的自然生态环境密不可分，也得益于当地市民和野生动物保护志愿者对天鹅的爱护之心。一年多来，有不计其数的爱心人士向疣鼻天鹅奉献了炽热的生态情怀，人与动物之间也发生了很多感人故事。

去年 3 月初，栖息在龙湖李花岛上两只天鹅中的雌天鹅，在筑巢过程中不幸被飘落的风筝线死死地缠住腿部，无法脱身，爱莫能助的雄性天鹅始终不离不弃地陪伴在落难的伴侣身边。数日后，这一情况被鸟类爱好者用无人机航拍发现，经过龙湖管理部门和志愿者的合力营救，天鹅终于脱离险境。类似这样的营救行动，发生过多次。

2020 年 9 月，一只刚出生的亚成天鹅不慎误食了钓鱼者遗弃的鱼钩鱼线，几名冬泳爱好者几经周折，下水捕捉到这只危险缠身的天鹅，并送至野生动物救助机构及时进行了救治。

2021 年 5 月 7 日晚 8 时许，两只刚出生半月多的天鹅宝宝不慎被下水道窨井盖的铁栅栏缝隙卡住，志愿者获得消息后，第一时间赶赴现场，在鹅爸护崽心切、反应激烈且不让人靠近幼崽的情况下，成功救出了两只鹅宝宝。

除了这些应急救助，一年多来，众多爱心人士为保护疣鼻天鹅还做了很多。有的慷慨解囊，自掏腰包筹款为天鹅提供过冬的玉米等物质保障；有的见义勇为，及时劝阻在天鹅栖息水域垂钓、打弹弓等可能伤害动物的行为；有的悉心关注着天鹅的健康状况和生存环境，并及时向政府主管部门建言献策，推动改善水域环境；还有人用笔和镜头记录下天鹅的纯洁与美丽，宣传野生动物保护的意义。为了给贾鲁河水域的天鹅创造更好的栖息环境，周边的市民既出钱、又出力，自发地为天鹅在河流中央建起 11 座人工浮岛。

为了更好地汇集公众保护野生动物的力量，在 2020 年上半年，志愿者就在政府职能部门的指导下，成立了爱鸟护鸟协会，使得民间自发的爱鸟行为更具组织性和规范性。为了及时掌握、记录和交流天鹅的动态，一群素不相识的忠实“鹅粉”还专门建了“郑州市爱护天鹅”微信群，大家每天都在群里报告天鹅的状况，交流着观赏、保护动物的心得体会，分享着融入大自然、与天鹅朝夕相处的快乐。

值得一提的是，今年以来，10 余只 2020 年出生的亚成天鹅为了练习飞翔技能，曾三次飞离郑州一周以上，最远的一次居然飞到了距郑州直线距离 60 千米之外的焦作市沙河。爱心人士为寻找“失踪”的天鹅曾驾车跑遍郑州周边的所有水域。然而，令郑州爱鸟人士欣慰的是，天鹅的几次远游并未一去不回，最终还是选择回到它们的出生地。

当然，迁徙毕竟是动物的一种本能，也是一种自然现象。已经在中原逗留了一年半的疣鼻天鹅在下一个迁徙季节到来之时还会再飞走吗？这或许是天鹅留给郑州人民的最大悬念。

倘若疣鼻天鹅迁徙飞离这片曾经孕育了诸多新生命的土地，尽管大家会有万般不舍，但还是会尊重动物的自然选择。当然，“鹅粉”们最大的心愿是期待天鹅能在来年迁徙之时故地重游，让疣鼻天鹅在古老中原大地上的传奇故事延续下去。

陕西羽叶报春：从濒临灭绝到野化回归

| 谢斌 |

陕西羽叶报春（*Primula filchnerae*）为报春花科报春花属两年生草本植物，是世界上现存的濒危植物之一，为中国特有物种、陕西省地方重点保护植物。全株被多细胞柔毛，叶片轮廓卵形至卵状矩圆形，羽状全裂。花冠初开时为紫色，开放后为粉红色，花形美丽且花期较长，开花后锥状花，萼增大呈灯笼形，具有较高的观赏价值。

陕西羽叶报春的故事得从 20 世纪初说起。1904 年早春，一位德国探险家 Wilhelm Filchner 途经秦岭南坡，发现了一种开花的草本植物，随手采集了标本，并将这株植物的标本送回了德国。经过柏林－达勒姆植物园的分类学家 Reinhard Gustav Paul Knuth 的研究，将其命名为陕西羽叶报春（*Primula filchnerae*），确定为一个全新的植物物种。其名字根据它的发现者 Filchner 的名字命名。

这份模式标本仅仅在该博物馆保存了不到 30 年的时间。由于第二次世界大战，柏林植物园经历了战火，植物园的标本馆也在“二战”中不幸损毁。陕西羽叶报春标本也在“二战”中遭到了损毁，各种重新指定模式的标本都随着烟火消散，只留下一张黑白照片和一幅手绘线稿图。从 1904—1996 年，陕西羽叶报春再也没有在野外采集到。植物学界不得不宣布陕西羽叶报春在野外可能已经灭绝了。

当陕西羽叶报春在大家的记忆中逐渐抹去之时，它又神秘出现了。1996 年，有植物学家无意间发现了陕西羽叶报春的栽培个体。当时对它的无意发现并没

在洋县开展陕西羽叶报春原生地野化回归实验

有留下多少文字资料。直至 2006 年，湖北人甘啟良等先后在湖北竹溪、竹山两县发现了陕西羽叶报春的野生个体，这是个意外惊喜。2013 年 9 月 2 日，环境保护部联合中国科学院发布了《中国生物多样性红色名录 – 高等植物卷》将陕西羽叶报春的珍稀濒危等级评定为濒危。

2015 年 3 月，陕西师范大学张建强博士在陕西省洋县秧田乡翁子沟的海拔 800 ～ 900 米的山坡上再次发现并鉴定是“消失”了百年的陕西羽叶报春，张建强随即进行了标本采集，带回陕西师范大学植物标本室（SANU），并将 3 份标本赠予了中国国家标本馆（PE）、中国科学院华南植物园标本馆（IBSC）和西北农林科技大学标本馆（WUK）。同时发表了《珍稀濒危植物陕西羽叶报春在陕西重新发现》的论文。

陕西省西安植物园对陕西羽叶报春的研究要追溯到 2004 年，陕西省西安植物园（陕西省植物研究所）是一所集植物研究，植物迁地保护、引种驯化、资源保藏为主要功能的单位。那一年陕西省西安植物园植物多样性团队参与秦巴山区珍稀濒危植物迁地保护工作，在查阅《中国植物志》时，了解到陕西羽叶报春可能已经灭绝，所以团队决定将它列入重点考察对象。

根据张建强的论文记录，植物多样性团队中的科研人员张莹在2017年3月，带着几位植物专家一起重新探访发现陕西羽叶报春的地方——陕西省汉中市洋县秧田乡翁子沟。

这次探访收获巨大。张莹不仅找到了陕西羽叶报春，更是移栽了两株陕西羽叶报春并带回陕西省西安植物园。同年夏天，张莹再次前往洋县，收集了陕西羽叶报春不到芝麻大小的种子，由于植株数量有限，种子也仅仅收集了几十粒，弥足珍贵。也正是这几十粒种子，实现了日后陕西羽叶报春的成功“回归”。

张莹移栽的那两株陕西羽叶报春，回到植物园以后很快就死亡了。张莹用收集回来的种子再度尝试繁殖。他将种子分批放入实验室的光照培养箱中，模拟发现地的条件展开实验，并保持密切观察和记录。

陕西羽叶报春

图 1	图 2	图 3

图 1　盛开的陕西羽叶报春

图 2　模式标本

图 3　重新指定的模式标本

经过张莹的不懈努力，终于在 2017 年 12 月 21 日，第一朵陕西羽叶报春的花成功在陕西省西安植物园绽放，这是历史性的一刻。

但这远不是终点，因为陕西羽叶报春虽然开花了，但并不意味着已经引种成功。于是，张莹在 2018 年夏天收集了在陕西省西安植物园生长的陕西羽叶报春的种子，开展了栽培实验工作。实验结果也是喜人的，陕西羽叶报春出苗顺利、长势旺盛，成功获得 300 余株成苗，标志着陕西羽叶报春在陕西省西安植物园引种成功了。

工作仍在继续，张莹又对陕西羽叶报春种子的萌发条件、植株生理结构、传粉特性等开展一系列的研究工作，成功地将陕西羽叶报春的花期提前了 2 ~ 3 个月。2021 年春天，上千株陕西羽叶报春在陕西省西安植物园春季花展中绽放，引起了广泛关注，吸引了大批公众前来驻足观赏，一睹芳容。这次对外公开展出，也让广大公众了解陕西省西安植物园植物保护、植物多样性研究方面所做的工作。同时也让更多人了解珍稀濒危植物，关注生态环境保护。

在将陕西羽叶报春顺利繁殖成功后，张莹仍在继续他的研究工作，陕西羽叶报春，是一种在冬天开花的花卉，并且花期为 3 个多月。大家都知道冬季人们能够看到的花卉并不多，羽叶报春的这一特点难能可贵。如果在冬季让人能够看到这么一个生机勃勃、鲜艳美丽的报春花，无疑会给人们带来更多欣喜。目前，对于陕西羽叶报春的致濒机理尚不清楚，需要进一步地揭示。同时，为使其在园林上能够应用，张莹也在为更好的外观表现育种工作不断努力。

2021 年 4 月 2 日，一个特殊的日子，在位于洋县磨子桥镇的陕西省西安植物园实验基地，珍稀濒危植物陕西羽叶报春整株原生地野化回归实验顺利开展。张莹和同事一起带着 30 余株长势健壮的陕西羽叶报春植株，在实验基地中选择林地边缘、林下、空旷地带等不同的生态环境栽种。也许在不久的将来，陕西羽叶报春将会在这片地方重新回归大自然的怀抱……

揭秘龙泉生物多样性本底调查

| 于天昊 |

身着户外服装，手握相机，穿行在山间林地，遇到动植物便“拍照打卡”并做好观察记录，这是生物多样性调查人员在工作中的状态。

笔者在浙江省丽水市龙泉市参加了一场由丽水市生态环境局组织、生态环境部南京环境科学研究所调查人员参与的生物多样性本底调查活动，亲眼见证了调查员的一天。

大雨、山路：调查员的辛苦和“遗憾”

在龙泉市的一处山区，中国计量大学孙骏威副教授正带队开展植物多样性调查研究。

“这是‘糯米团’。”孙骏威指着山路旁的一株植物对调查队员说，“因为将它的叶片揉搓开来有糯米的软糯感，所以取了这个名字。”他取下一片植物叶片，揉搓成团，让身旁的调查队员体验手感。

植物调查不仅靠眼观。调查人员还会用嗅觉记住植物特有的味道，利用揉捻了解植物的手感，甚至透过叶片的透光度和脉络记住植物的信息。

一路湿滑泥泞，小雨未停，随着不断深入山林，发现的植物越来越多，路也越来越险峻。孙骏威说，山里的调查，有时一走就是一整天。“山中水多，弄湿鞋子是常有的事，但是经常第二天还要穿着湿鞋继续开展调查。”

“植物是太阳能在地球上的固定形式。对植物的研究有着重要的意义。”孙骏威说，“研究一些新型植物，对生态环境保护工作也具有重要的意义。”

为了寻找一些罕见的植物，调查组开车前往更深处。可行至半路，大雨滂沱，雨水打在挡风玻璃上，前路难辨。虽心有遗憾，但调查组不得不返回。孙骏威介绍，“这样大的雨会影响视线，阻碍调查，更重要的是，在山里不安全。我们的调查，安全还是第一位的。”

流汗、受伤：调查员的惊喜与“奔赴”

下午，一行人又一次进了山。这次的目标，是察看布设在山间的红外相机。

红外相机架设在动物常经过的区域。生态环境部南京环境科学研究所助理研究员雍凡向记者介绍，这些红外相机会通过红外线，自动感应并捕捉动物的画面，从而达到调查这一地区动物的目的。但是，红外相机也需要定期维护，如更换电池、内存卡，检查是否损坏等，一般维护周期在 3—6 个月。

山里尽是泥泞湿滑且没有开发的“山路”。调查组只能摸着石头、抓着树根和枝条上山。跋涉近 1 个小时后，调查组才抵达第一处红外相机的布设点。此时，大家都已满头大汗，气喘吁吁。

“这次拍摄到了不少动物。”雍凡打开红外相机的显示屏，翻看着每一张拍摄的照片，突然惊喜道，“看！这是黑麂，是国家一级保护动物。”

“这处布设点是距离山下最近的一处。山里还有十几处布设点。”丽水市生态环境局吴翼博士说，“很多点位，甚至都没有我们走的这种‘路’，有些时候，布设相机需要一边开路一边前行。”

下山的路上，许多同行者都滑倒多次，甚至有人磨破了皮，流了血。吴翼回忆，有一次，一位调查的同事滑倒，整个胳膊都划伤了。“像这样的布设点，在浙江有 400 多处。每一处，都需要调查队员定期前往察看和维护。”

“虽然上山下山路途辛苦，但是看到红外相机里又拍到了许多有价值的照片，就感觉很兴奋，疲惫都会一扫而空。”雍凡对笔者说。

深夜、清晨：调查员的“千里眼”和“顺风耳”

深夜 10 点，调查队员驾车出发，开始了夜晚两栖爬行动物的调查。“很

调查员进山开展植物多样性研究　（于天昊　摄）

多两栖爬行动物都喜欢晚上出来，所以夜晚调查也是重要的工作内容。”生态环境部南京环境科学研究所助理研究员吴延庆博士说，“夜晚，特别是下过雨之后，柏油路面温度会比周围略高，所以许多两栖爬行动物会出现在马路上。”

入夜，山里漆黑一片，调查队的车子以每小时不到 10 千米的速度，缓行在崎岖蜿蜒的山路上。

不久，调查队员就在路上发现一只中华蟾蜍。简单地观察记录后，调查人员不忘把它放到路边远离车辆的地方。温州大学郭坤博士解释道，这是为了避免小动物被行驶的车辆碾压。

夜间亮度较低，要想依靠车灯发现前方的动物，就需要集中注意力观察。一路上，身形小巧的动物也难逃调查队员的“法眼”。比如盘起来还不如手掌心大的钝头蛇。“你看，它的头很钝，不尖。”众人迅速用相机记录下了钝头蛇活动的仪态和样貌。

“夜晚出行很容易困。”郭坤对笔者说，“但是每发现并记录下一个物种，就会有喜悦感和兴奋感，就是这种感觉支撑着我们夜间调查。”

这一晚，调查人员或行走溪边，或跋涉草丛，凭手电筒和头灯的光，调查周边动物。

开展生物多样性调查，调查组不仅喜欢深夜行动，也喜欢清晨出发。“鸟类一般喜欢清晨和傍晚出没，且这时候鸟的种类会比较多。”生态环境部南京环境科学研究所崔鹏研究员说，“所以观察鸟类，不仅要起早，还要天气好。”

与其他类群的调查相比，鸟类调查需要练就一双“顺风耳”。因为鸟类灵活，不太容易捕捉到它们出现的时刻，因此，“听”就成了观察鸟类需要练就的一大绝技。

很多观鸟爱好者，为了一个优美的鸟类镜头，在某个位置一守就是很多天。浙江野鸟会副理事长程国龙说：“但是调查研究不允许我们长时间停留，因此，通过鸟类的叫声来辨别鸟的种类，就是一种非常有效的方法。一路听，一路观察，就能有很大的收获。”仅花了 1 小时，调查人员就观察记录到 30 多种鸟类。

短短两天时间里，调查队员行走在密林山野，穿行在溪流和陡坡，走过夜色和清晨，擦破过皮，踩过湿透的鞋，浑身是土，汗流浃背，沉重的相机在他们肩头压出印子。

可是，每当那些动物、植物出现在眼前，他们的眼中又迸发着光彩，迫不及待地用手里的笔杆和设备记录下这些生命。

一位调查人员说：“每一个生命都值得敬畏，每一次记录都是一次致敬。”

天上繁星闪烁　地上流萤飞舞

| 肖琪 |

夏夜，一闪一闪亮晶晶的除了天上的繁星，还有森林与水草间的萤火虫。

在四川省成都邛崃市天台山景区，从 4 月开始，草丛里就星星点点飞舞着各式各样的萤火虫，将这里变成一个童话般的唯美世界。每到萤火虫的旺盛期，只见萤光飞舞，犹如“星光大道”。

拥有“亚洲最大的生态萤火虫观赏景区”称号，“全球八大萤火虫观赏地”之一的天台山景区，获得了四川省委网信办、省文化和旅游厅主办的“2020四川最受网民喜爱的网红打卡地”称号。

保护生态环境，划定生态红线，发展生态旅游，天台山的萤火虫背后，隐藏着怎样的“绿色密码”？

资源种类多样，观赏期持续 8 个月

如果一个地方生存着大量的萤火虫，那么这里大概率会有干净清洁的水体和茂密的植被。这是因为萤火虫是一种环境指示性生物，它们对自然生态环境的要求极高，对水污染和光污染尤其敏感。

在邛崃市平乐古镇天台山景区管理局副局长王帅看来，天台山能有丰富的萤火虫资源，与当地优良的生态环境分不开。

这里森林覆盖率近 95%，生态系统类型多样，动植物种类丰富，有大熊猫、小熊猫、珙桐、红豆杉等保护动植物 31 种，是国家级风景名胜区、国家森林公园。

2021 年 6 月，天台山景区工作人员高叔先在景区肖家湾赏萤基地发现了一种奇特而罕见的萤火虫——雌光萤，为天台山的萤火虫家族再添新成员。据介绍，这种萤火虫身体金黄、完全无翅、光滑、呈纺锤形，其体长约 80 毫米、体宽约 13 毫米，全身共 30 个发光点。

“实际上，天台山已发现的萤火虫品种达 20 多种，占全国萤火虫种类的 15% 左右，且有很多珍稀种类和近几年发现的新种。每年除了 2 月以外的其余 11 个月份，均可发现萤火虫成虫，可以观赏的时间达 8 个月之久。”王帅介绍道。

在天台山，从海拔 800 米的山脚到海拔 1 400 米左右的正天台，均有萤火虫的分布。各个品种的萤火虫还会交替出现，一年中出现多个波次的高峰期。

良好的生态环境和丰富的物种，使这成为闻名的萤火虫观赏地。这里还有种提法就是“萤飞蝶舞”和“大熊猫、小萤火”，因为天台山还有很多蝴蝶，而且这里也是四川大熊猫栖息地世界自然遗产的组成部分。

设立保护区，为萤火虫“让道”

“雌光萤属是萤火虫家族中的一个分支，很罕见。能在天台山发现它们，也证明在景区的持续保护和培育下，天台山萤火虫的种群保护和数量维护都取得不错的成绩。”王帅说。

为了全面守护萤火虫的生长环境，天台山景区不断探索创新。不仅实现了景区内禁喷农药，还考虑到萤火虫对光敏感，景区的路灯也取缔了很多。

在天台山景区的改造过程中，施工方签订了萤火虫保护责任书，安排工作人员每天巡视，甚至在施工中为萤火虫“让道”。

此外，邀请台湾萤火虫专家多次到天台山调研，对景区内住户开展环境保护知识培训，禁止喷洒农药、乱采乱挖和使用化学品等。

“我们不仅设立萤火虫保护区，还有专人巡查，为萤火虫投喂蚯蚓和蜗牛等饵料、新建微污处理设施，并积极植树造林，全面改善萤火虫的生存环境。”王帅说。

邛崃天台山萤火虫森林　（傅瑞琪 摄）

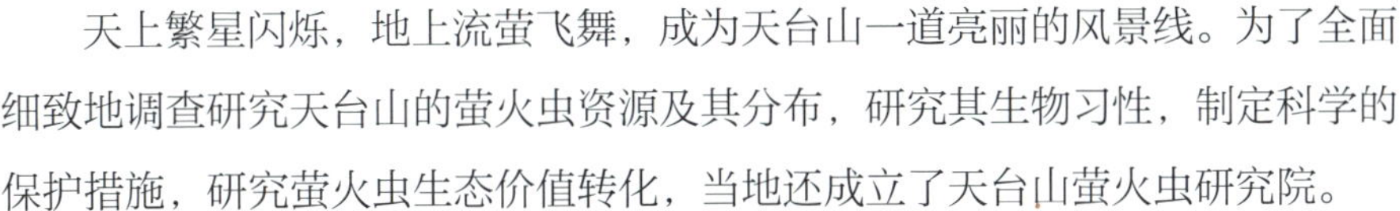

天上繁星闪烁，地上流萤飞舞，成为天台山一道亮丽的风景线。为了全面细致地调查研究天台山的萤火虫资源及其分布，研究其生物习性，制定科学的保护措施，研究萤火虫生态价值转化，当地还成立了天台山萤火虫研究院。

在 2021 年 5 月刚刚成立的研究院内，一幅幅漂亮的标本展列其中，萤火虫从幼虫到成虫的整个生命周期也得到了清晰的展现。

从建设天台山萤火虫研究院、萤火虫保护繁育中心，到成立萤火虫保护团队、建设萤火虫生态观赏区域、开展以萤火虫为主题的科普知识教育，天台山景区对萤火虫的保护日渐深入。

延伸产业链，小小萤火虫带火生态游

一闪一闪的萤火虫，不仅诉说着天台山生态环境质量的优良，还吸引着全国各地的游客前来感受自然和谐之美。

在天台山，景区建设了专门的观萤廊道和赏萤平台，完善保护设施，架设沿线栏杆，守护一片萤光。

在旅游季，天台山的萤火微光音乐会也成为游客最期待的环节。伴随着夏夜的微风，一首首动听的旋律令人沉醉。

“我们每年都会推出天台山萤火虫旅游节和微光音乐会。”王帅介绍说，为全面发展萤火虫生态旅游，景区还推出萤火虫夜游新场景，通过夜游产品，延长游客在景区停留时间，拉动景区消费。景区部分商家也推出了萤火虫酒店、萤火虫客栈、萤火虫文创超市等。一条围绕着萤火虫的旅游线正逐渐延伸。

据了解，2020 年，景区积极开发萤火虫文创产品，接待游客数十万人次，景区居民收入也同比增加，直接拉动消费约 1.2 亿元。

天台山萤火虫研究院还将继续参与研发更多产品，推出形式多样的“萤火虫研学”产品。

“在天台山，我见证了萤火虫的‘生态价值’正逐渐转变为‘经济价值’和‘科研价值’。”王帅更加坚定，“我们要持续构建萤火虫生态资源保护体系，在保护的前提下发展萤火虫旅游经济。”

守住科尔沁草原万里碧波

| 佟美麒　崔洪波　韩洁 |

万里碧波接连天日，牧歌嘹亮牛马肥壮。科尔沁草原舒展着她的秀丽身姿，经万年生态涵养，亭亭玉立于祖国北疆。

然而，让人始料不及的是，一个外来物种正悄悄席卷而来，它随风而动，农机具、包装袋、昆虫飞鸟、流水落叶都成了它的播种载体，散落的种子钻入草原腹地，野蛮生长，嚣张地扎根于其他植物的根基，无情吞噬着草场、毁坏着良田。它尖锐的毒刺，划破牛羊牲畜，刺破牧民皮肤，高危的毒液让草原牲畜虚弱、颤抖、流涎甚至死亡。牧民被划破的伤口疼痛难耐，久难治愈。科尔沁草原面临着前所未有的生态危机。

不起眼的小黄花，却是草原第一生态杀手

“一次次铲除、一次次卷土重来，这玩意好像咋也灭不净！草质一年比一年差，牲畜还得了怪病呢。”家住科右前旗额尔格图镇的牧民老贾对科右前旗林草局梁站长无奈地诉说。他家草场总被莫名出现的小黄花破坏。

“不止你家这样，整个旗里都有这东西，这是刺萼龙葵，咱们灭除行动一直在进行，就是效果不咋地，年年都长，只能年年铲除。”梁站长回答说。

老贾叹了口气，不满地离开了，嘴里小声嘟囔着：“还专业部门呢，就这玩意都整不明白。”

听到这话，梁站长无奈的心情更多了一份焦灼。

早在 2016 年，科右前旗农牧和科技局就对境内刺萼龙葵的入侵情况进行

图 1
图 2
图 3

图 1　检察官实地查看刺萼龙葵清理情况

图 2　听证会

图 3　兴安盟检察分院、吉林省白城市检察院检察官实地查看刺萼龙葵线索地

了调查，当时就发现这散开在草原的小黄花是外来入侵毒害植物——刺萼龙葵。它通过道路运输和河流传入，在农田、草场、林地、荒滩荒地及公路、村村通路两侧生长蔓延，人们发现时，它的入侵面积已经达到 5 万余亩。

当时，刺萼龙葵的生长还没有侵害到牧民的生产生活，相关单位组织人员进行了灭杀，但不知为什么，情况依旧在持续恶化。

到 2020 年 10 月，在科右前旗中南部的乡镇，刺萼龙葵危害等级已由 1 级轻度发展到 2 级中度，入侵面积达到 35 万亩。草场植被持续破坏，牧民的牲畜误食刺萼龙葵后出现了一系列中毒的症状。

由于刺萼龙葵本身带刺，村民们嫌清除过程中扎手，且伤口疼痛难忍，不易痊愈，逐渐失去了参与清除的热情，只能靠相关部门工作人员进行清理。

无奈，清理的速度远赶不上它蔓延的速度，愈演愈烈之下，情况十分严峻。看着草原持续遭到破坏却束手无策，刺萼龙葵成了大家的心头病。

公开听证、跨区域协作，多方力量协同治理

内蒙古的兴安盟和吉林省的白城两地地域接壤，同样都是东北地区重要的生态功能区和生态服务区。吉林省白城市的一位检察官在一次偶然中发现，辖内科右前旗的路边竟也出现了疑似刺萼龙葵的身影，虽然只是小小的几株，却依然值得提高警惕。于是，便及时向兴安盟检察分院通报了这个情况。

收到线索后，科右前旗检察院及时展开调查。通过实地察看、走访、查阅资料，检察人员发现，刺萼龙葵的肆虐情况于 5 年前就已经开始出现。但因防治技术有限、动员力量有局限，牧民、村民的防患意识不足等原因，没有达到有效的防治效果。

如何帮助相关部门破除防治“瓶颈”，让百姓积极参与防治行动？兴安盟检察分院公益诉讼检察官认为“必须促进形成协同治理的合力”。

于是，2021 年 2 月 25 日，科右前旗检察院组织召开了一场针对草原生态危机——刺萼龙葵的公开听证会。科右前旗林业和草原局、旗农牧和科技局以及涉案地块辖区相关的归流河镇、大石寨镇人民政府等 9 家相关行政单位

参加了听证。

考虑到刺萼龙葵外来物种治理的专业性，兴安盟公益诉讼检察官还特别邀请了兴安职业技术学院的生物学教授，就其生长特性和对生态环境的影响及治理方案进行全面分析。

“要想从根源灭除这一外来入侵毒草，还需要进行系统规划，建立预警机制，严格加强进口农产品的检疫；使用机械对幼苗先行铲除，农牧民要在秋季刺萼龙葵未打籽时进行拔除，并种植替代植物如沙棘、紫花苜蓿等与其进行对抗……”

专家的分析，句句说进了在场人员的心坎里，大家认真记录着每一个要点。

最终，听证会明确了各单位的分工，科右前旗林业和草原局负责陆生野生动植物资源监督管理；旗农牧和科技局负责动植物有害生物普查和外来生物安全管理工作；乡镇政府负责美丽乡村建设、生态环境保护工作。

“有了多方力量的协同支持，这回总算能给老百姓一个交代了。”科右前旗林草局梁站长激动地说。

一份检察建议，催生建立长效治理机制

为了确保防治行动落实到位，兴安盟检察分院公益诉讼检察官督促科右前旗 9 家行政单位制定科学有效的治理方案，落实防治资金，并做好宣传工作。

科右前旗林业和草原局计划在 2021 年通过中央预算内投资治理刺萼龙葵 2 万亩；旗农牧业局向旗政府申请在防治项目资金上给予支持，同时，加强防治技术培训和宣传工作，引导农牧民开展科学防治；各乡政府也将防治刺萼龙葵列为 2021 年度工作重点。

为建立长效治理机制，科右前旗政府研究制定了《外来入侵物种（刺萼龙葵）毒害草治理工作实施方案》，明确了治理目标、治理原则、任务分工及实施方法等，计划通过 3 年完成全旗 25 万亩草场、田地的治理工作。同时将治理刺萼龙葵列入防治外来物种中长期规划，完善调查、监管、治理体系，成立了科右前旗旗长挂帅的治理领导小组，建立政府、乡镇、村屯三位一体的网格

化治理体系，将治理工作纳入到全旗乡村生态振兴工作总体布局。

两级院的一体办案，两级政府、两级职能部门的联动，责任分工的层层递进与落实，让刺萼龙葵不再是牧民的心头之痛！

“这回可妥了，机械化灭除，省得掸药毁好苗，我们参与连根拔除还给奖励。”近日，当兴安盟公益诉讼检察官们再次来到科右前旗额尔格图镇时，牧民群众正在田间地头忙碌着，机器轰鸣声中大面积的刺萼龙葵被集中铲除。

“这小半年以来，草场、田地产量都上来了。”秋日的骄阳洒在科尔沁草原上，人们祈愿着草原生态和美！

让“高原精灵”自由奔跑

| 夏连琪　刘红 |

一对精巧的弯角，一双耸立的耳朵和机警的眼睛，受惊后会翘起臀部，竖立的白毛宛如一朵盛开的白莲花。在青海，有一种可爱的野生动物——普氏原羚，也叫中华对角羚，当地牧民则叫它“滩黄羊”。

普氏原羚是中国特有哺乳动物中数量最少的物种，也是中国乃至世界上有蹄动物中最濒危的物种。而青海湖是普氏原羚在世界上仅存的栖息地。近年来，青海省不断加大普氏原羚保护力度，在资源调查与研究、远程视频网络监测、实地保护等方面都取得成效。

栖息地丧失、生境破碎化导致种群减少

普氏原羚在辽阔的草原上奔跑时就像一支离弦的箭，身体会在空中画出一道波浪起伏的曲线，分外优美，很多摄影爱好者亲昵地称呼它们为“高原上的精灵”。

作为小群居动物，种群之间的相互隔离产生的性别结构失调，是普氏原羚种群自然发展受到严重威胁的原因。

在刚察县合尔盖地区，环湖的11个普氏原羚种群中，有8个种群相对独立，生活区域较固定，迁徙范围小。“有时候，普氏原羚种群因为人类的放牧活动而被迫迁徙。”刚察县合尔盖地区的生态管护员告诉我们，“扩大普氏原羚的栖息地，加强退牧还草是提高普氏原羚种群数量和质量的最有效途径之一。”

历史上，普氏原羚曾广泛分布于内蒙古、宁夏、新疆、甘肃和青海等地，

栖息地海拔高度为 3 200 ~ 3 500 米，数量达数万只。但在二十世纪六七十年代，由于栖息地的缩小和破碎化，家畜冲突、种群隔离、偷猎等原因，种群数量甚至下降至不足 150 余只。

编制专项保护规划　持续加大保护力度

“为解决普氏原羚冬季饮水和迁徙问题，海晏县、刚察县、共和县、天峻县和青海湖国家级自然保护区管理局，均在普氏原羚聚居区域兴建了饮水池，并留出简易通道，由专人定期进行蓄水工作。”青海湖国家级自然保护区管理局局长何玉邦介绍。

同时，为改善普氏原羚生存条件，4 县还累计拆除网围栏刺丝 50 万米以上，各地在普氏原羚分布区域积极投放饲料，刚察县一年就累计投入资金 10 万余元，投放草料 40 多吨，有效缓解家畜与野生动物“争食”的现象。

近年来，保护力度持续加大。青海严格按照生态环境部等 7 部（局）有关持续推进“绿盾”专项行动和强化监督工作部署要求进行实地核查整改，有力保障了自然保护地的宁静与和谐，为普氏原羚等野生动物提供了良好生存环境。在青海，各县还设立巡护队，配发巡护工具和记录用具，实时监测普氏原羚活动情况，向社会公布举报电话，严厉打击普氏原羚违法犯罪行为。

2020 年，青海邀请中国科学院西北高原生物研究所、中国计量大学、三江源国家公园管理局、祁连山国家公园管理局办公室、青海湖国家级自然保护区管理局、西宁市野生动物园等单位的专家学者，对委托中国林业科学研究院森林生态环境与保护研究所编制完成的《普氏原羚保护规划》进行评审。

专家组认为，《普氏原羚保护规划》符合对普氏原羚实施优先保护的战略需求，契合青海实际，规划可操作性较强，规划思路、目标明确，具有一定的引领性和前瞻性。根据规划，未来 10 年青海省普氏原羚保护将从开展物种调查监测、实施栖息地保护工程、遗传多样性保护、人工救护繁育工程、科研规划工程、宣教工程、社区共管规划等方面系统强化保护力度，规划期内力争实现优先保护区域栖息地得到重点保护、种群数量得到再恢复再提升、建立和构成较为完善的监测体系、人工繁育研究基地建设和关键技术取得历史性突破和进展、全社会生态保护意识进一步增强。

生态环境逐年向好　种群有了明显恢复

天刚蒙蒙亮，青海湖畔的空气十分清新。环保志愿者尖木措开车将草料运送到普氏原羚的活动区域铺散开来，顺便清理草原上的垃圾，还在冰面上凿泉眼、挖沟渠。尖木措的脸庞被冻得通红，嘴里呼着白气，双手也已僵硬红紫，但这种工作对他来说已是日常。

每年 11 月到次年的 4 月，由于高原地区气候高寒，导致这里草木枯萎、水源冻结，普氏原羚就无法自主获取足够的水和食物，这时最需要人类的帮助。20 多年间，尖木措在这里清理草场垃圾、自费租赁草场、凿冰取水，也阻止猎杀。

在青海，越来越多的志愿者也投身到保护普氏原羚行动中来。得益于政府的大力推动以及公众积极参与保护，普氏原羚种群有了明显恢复。

青海湖国家级自然保护管理局日前所完成的 2021 年度春季普氏原羚种群监测结果显示，其种群数量达到 2 560 余只，也就是说 14 年间增长了约 9 倍。

何玉邦介绍说，这次调查正好处在普氏原羚的交配期，虽然受天气、距离、光线和普氏原羚保护色等因素影响不易监测，但与 2020 年相比，种群发展保持稳定。

而从 2019 年植被监测结果来看，保护区植被生长的状况也良好，这些都有利于野生动植物以及当地牲畜生存与发展。

何玉邦说，这几年通过青海湖流域生态监测体系建设项目实施，在流域工程区范围内共设置 276 个生态监测地面定位监测站点，开始为生态保护和建设提供数据。监测结果证明，青海湖生态环境逐年向好，生物多样性保护也取得好成绩。

青海湖流域的生态环境越来越好，普氏原羚种群也将越来越多。

人鸟共鸣　鹤舞向海

| 霍晓　潘瑜　关锋 |

在常年从事鸟类迁徙监测的李连山老师的带领下，通过高倍望远镜，在湿地茂密的草丛中，我看到了两只丹顶鹤。它们优雅地在天地间闲庭信步，白亮的鹤羽仿佛可以洗涤浊尘。在草原另一端远眺的我，屏住呼吸，生怕自己的气息惊扰了这安静恬淡的美好。

这里是吉林西部的向海湿地自然保护区，一个千年前乾隆皇帝题词“云飞鹤舞，绿野仙踪”的胜境，一个白鹤在彩云间嬉戏起舞的仙苑。在这里，水鸟在原野上自由翱翔，是鸟与人和谐共生的美好家园。

带着对诗词中仙境的向往，我与向海在今年盛夏初见。无边无际的草原、沼泽与蓝天相接，清澈的美景中，各种鸟儿翩跹在草原湖水与广阔天地间。那些只在书本中得以匆匆一瞥的精灵，在向海活灵活现，来到眼前。

316 种鸟类选择在向海落地生根，与得天独厚的生态资源优势密不可分。向海是长期季节性河流洪泛而产生的河缘湿地，自然资源丰富，湖光水色，水草丰美，鱼虾繁多，是鸟类生长繁育的天堂。这些珍稀的鸟类能选择向海，是因为这里的自然条件适合鸟类繁衍；能定居向海，更是因为这里的人爱鸟护鸟，用脚步和汗水，维护鸟类赖以生存的绿色家园，与鸟共生共鸣。

人与鸟共生，是一个寻求人与鸟生活平衡点的过程。既要保障人类的耕地、畜牧等农作生活，又要保护鸟类的栖息之所。如何找到平衡的做法，是向海人面临的最大难题。

随着在向海居住的人逐渐增多，人们开垦农田，过度放牧，导致生态环境

两只可爱的丹顶鹤鹤雏

向海湿地落日余晖

在巡护过程中，林宝应发现并救助了受伤的丹顶鹤幼鹤

在三合一村，王春丽和村民崔永尊现场察看高糖分高粱长势

对鸟类越来越不友好。

宋诸品是在向海村西社生活了 64 年的老户，他惋惜地说："盖窝棚、建房子，草地越来越少，想放羊越走越深，幼树刚长出寸把高，就被大羊啃光了。"

没有树、没有草，湿地慢慢减少，鱼虾也少了。没了食物，那时，很多鸟类都离开了向海。

为了把湿地还给鸟儿，让珍稀鸟类有更多的草木用于栖息，向海自然保护区近年开始实施移民工程，拆除房屋及窝棚248户，退耕还草67.11平方千米。

为了鸟类而禁牧，向海自然保护区组织 30 多名牧民，免费到山东潍坊学习奶山羊圈养技术，产出的羊奶则供给当地的羊奶企业。奶山羊每天产奶 2.5 公斤，一年可收入 1 500 元，加上销售羊羔，利润相当可观。

随着湿地的恢复，人类活动的减少，近两年，向海保护区的迁徙鸟类明显增多。到 2020 年，向海保护区计划恢复林地 80 平方千米，恢复林地面积达到 20 世纪 90 年代水平。

向海自然保护区的林宝应，数十年如一日投身鸟类保护工作，在鸟类救助与繁育工作上尤为擅长。他说："对我们而言，救鸟、护鸟形成了常态化、全域化的工作机制，一旦在辖区及周边地区发现伤残鸟类，都能够得到全天候救护。日常巡护过程中发现的受伤鸟、弃养雏鸟都会进行救助。"

对于丹顶鹤、东方白鹳这样的珍稀鸟类，野外救护、人工繁育、人工招引、异地驯化等方式有效地扩充了种群。2021 年上半年，向海自然保护区仙鹤岛人工繁育基地已孵化出 25 只丹顶鹤幼雏。2021 年春季，已有 7 对东方白鹳在向海保护区繁殖，6 巢使用了人工招引巢。

有了水丰草茂的沃野，有了现代专业的动物科学帮助，向海的鸟越来越多。在向海，同发滚水坝西湿地中的雁鸭类最大种群数量达 4 万余只，2020 年还监测到一群 37 只的极危物种——青头潜鸭，这是 20 年来监测到数量最多的一次。

如今的向海，在人类的不断努力下，鸟的身影越来越多，天高云阔，遍野渔歌，百鸟翔集，鸟的鸣叫与人的笑语萦绕飘扬。

这片如同大海一样的草原，这些秀丽玲珑的鸟儿，吸引着越来越多的人自发地参与到保护生态、保护鸟儿的行列。

向海生态保护中心的王春丽，因为向海的美来到这里并爱上这里。这片土地和这些鸟儿，让一名来自大城市喜欢烫卷发、做美甲的时尚“90 后”女孩洗去铅华，扎根向海。

为了制止针对野生鸟类的偷猎、盗猎，王春丽和保护中心的巡护队员们每天开展核心区 175 平方千米范围的巡护，排查非法捕鱼、巡视非法捕杀鸟类，清除湿地非法地笼 717 个、猎套 224 个。

为了让保护区牧民逐渐减少过度放牧的行为，保护中心开展社区共建，走访 1 700 余户，引导牧民种植高糖分高粱，制作青贮高料饲料，有效降低过度放牧对草原生态环境的破坏。

“我们观测到疣鼻天鹅时，大家都很兴奋，这是疣鼻天鹅首次来向海繁殖。”王春丽的眼中闪烁着热切的星光，“希望有一天，在向海，人与鸟类、人与自然能真正实现和谐相处，这是我一生的梦想与愿望。”

在向海的湖光水色中，人鸟和谐共生的美好画面正在徐徐展开，延伸至未来……

濒危物种新物种接连“现身”

| 张春燕　兰天 |

“新发现！重庆缙云山国家级自然保护区首次采集到濒危物种活体。”笔者从重庆缙云山国家级自然保护区管理局了解到，保护区内首次采集到一条脆蛇蜥活体，并确定为《国家重点保护野生动物名录》二级保护动物“哈氏脆蛇蜥”。

2014 年 4 月，有市民曾在缙云山拍到一张脆蛇蜥的照片。当时由于线索极少，只能通过照片判断是一条雌性脆蛇蜥，从这之后再也不见其踪迹。时隔 7 年，2021 年 5 月 13 日早上，脆蛇蜥再一次出现在缙云山国家级自然保护区管理局工作人员的视线中。

前后间隔一周均有物种新发现

发现脆蛇蜥的工作人员欣喜地说：“当时我们看到它时，乍一看似乎和蛇长得一模一样，一边爬行一边吐着舌头。但仔细一看，小家伙竟然还会对着镜头眨眼睛，甚是可爱，这也是脆蛇蜥和蛇不同的一个重要佐证。”

采集到活体不容易，缙云山保护区管理局立即联系两栖动物相关专家，一起来到西南大学医院进行鉴定。通过 X 光扫描以后，几个人对这条脆蛇蜥的脊椎进行仔细研究，最终确定为“哈氏脆蛇蜥”，属于《国家重点保护野生动物名录》中的国家二级保护动物。

这一新发现意味着什么？重庆市动物学会理事、两栖爬行动物专家罗键说：“与 7 年前拍到的雌性亚成体不同，这次拍到的是一条雄性成体，说明这个物种在缙云山有非常稳定的种群。”随后，缙云山国家级自然保护区管理局工作人员在脆蛇蜥栖息地附近将其放生。

无独有偶，就在发现“哈氏脆蛇蜥”的前一周，西南大学研究团队还在缙云山发现了两个蜘蛛新种，这标志着，地球上又有两个全新的物种被发现并记载。

从 2007 年开始，西南大学生命科学学院教授、博士生导师张志升的研究团队就开始在缙云山上收集蜘蛛标本。而两个蜘蛛新种最早于 2010 年被发现，其后经过 10 余年的分类、考察、鉴定等工作，最终确定其为全新物种。新发现的两种蜘蛛被命名为：缙云三窝蛛和九齿三窝蛛。

张志升介绍：“这个蜘蛛大小只有两毫米，因为采集于缙云山，所以我们就把它命名为缙云三窝蛛，活体的时候它的颜色更深一些，带点黄褐色，还有一定的金属光泽。”有趣的是，这种蜘蛛腹板和背板中间有一个缝隙，就像穿旗袍的人，所以也管它叫作“穿旗袍”的蜘蛛。“这次发现的九齿三窝蛛，它的外形和缙云三窝蛛一样，只是结构上有细微差别。”

“一个物种得以形成必然经历了上百万年的演化，这两个物种的发现，说明缙云山的生态环境在百万年间没有经过太大的变化，当地丰富的生物多样性和良好的生态环境，让物种能够生存和繁衍，这对于今后的生态环境保护工作具有重要的指导意义。”张志升说。

四级林长守护缙云生态

走进 5 月的缙云山，仿佛进入童话世界。初夏的清晨，一阵细雨倾洒，劈里啪啦落在缙云山的竹林间。

缙云山国家级自然保护区总面积 76 平方千米，核心区 12.35 平方千米，是地球同纬度保存较为完好的亚热带常绿阔叶林生态系统之一。这里有 2 407 种植物和 51 种国家级保护珍稀植物，是重庆地区宝贵的野生动植物资源库。缙云山风景名胜区还有着巴渝十二景之一的“缙岭云霞”的美誉，吸引游客纷至沓来。

哈氏脆蛇蜥　（兰天　摄）

专家发现濒危物种活体　（兰天　摄）

缙云山森林覆盖率达 96.6%，有丰富多样且颇具代表性的生态系统，从一定程度上反映出中亚热带森林生态系统的天然本底，是一个典型的亚热带常绿阔叶林生态综合体物种基因库。

不过，缙云山位处中国特大城市中罕有的“三区叠加”之地：作为风景名胜区，缙云山风景区在自然保护区的核心区之外，山下又是繁华的重庆主城区。“三区叠加”既凸显出缙云山保护区生态保护的重要意义，又增加了保护工作的难度和复杂性。

“莫乱扔垃圾，莫野外用火。”重庆市北碚区澄江镇缙云村的林业队长李星华拿着小喇叭，一边走，一边巡回宣讲。五一假期，他带头巡山劝导游客，“缙云山是重庆的‘绿肺’，我们要一起好好保护。”

据介绍，缙云山国家级自然保护区目前共有动物 1 071 种，其中，爬行动物 21 种，列入国家一级、二级保护动物名录的珍稀动物有 13 种。脆蛇蜥和两种蜘蛛新种的发现，丰富了保护区动植物名录，也让人们看到了生物多样性保护的意义。

为探索缙云山山脉生态保护长效管理机制，重庆市在缙云山建立了市、区、镇街、村居委“四级林长”制，共有林长 261 人，其中仅缙云山国家级自然保护区范围就有各级林长 196 人，实现了“山林有人管、事情有人做、责任有人担”。

龙江是缙云山景区的一名护林员，也是当地小有名气的“动植物专家”。作为本地人，他还想为家乡做点事，于是决定依托缙云山良好的自然生态环境，因地制宜开展自然教育。每到周末，龙江就会组织游客观植物、辨昆虫，探究缙云山生物多样性的奥秘，引导游客亲近自然、爱护自然。

2018 年以来，重庆市北碚区启动环境综合整治，为缙云山生态保驾护航。

北碚区缙云山整治办相关负责人介绍，在综合整治中，北碚区坚持保护自然、保障民生方针，将保护区核心区、缓冲区群众全部纳入生态搬迁范围，统筹做好教育、医疗、社会保障等方面工作，有效解决搬迁群众的后顾之忧；引导农家乐提档升级、规范经营，积极发展缙云山甜茶等特色产业，探索建立利益联结机制，努力实现生态美、产业兴、百姓富的有机统一。

如今的缙云山，从过去的棋牌娱乐、休闲避暑演变成生物多样性保护教育的天然大课堂。“缙云山森林覆盖率高，植被丰富，又靠近重庆的中心城区，所以它的生物多样性的确值得人们关注，我们预计在未来的两三年里，对重庆缙云山展开一个相对全面的生物多样性本底调查，期待有更多的新物种能被发现。”张志升说。

散文篇

心声

| 王启龙 |

这是一桩由甘肃省会宁县人民检察院办理的野生动物保护刑事附带民事公益诉讼案件，3 位当事“人”的遭遇各有不同，让我们听一听他们的心声。

鸟

当我睁开双眼，血腥味涌入了我的鼻腔，我警觉地张开翅膀想要逃离，可身上已经没有了知觉。我的身边有我的母亲，还有我们那片林子里的邻居，大家难得能聚得这么齐。可是，它们现在都僵硬地躺在木板上，眼睛灰白，已经没有了呼吸。而我，也看到了那个男人正向我走来，手里明晃晃的小刀已经有点卷刃，我放弃了挣扎，因为它已经割灭了我最后的希望。

我是一只斑翅山鹑，昏迷前我如往常一般飞出林子觅食，今日飞得有些远了，来到一片平原时我已精疲力竭，却一时无处歇脚。突然，我发现前面有几根杆子上连着一根铁丝，我毫无防备之心地落了下去，一阵剧痛从脚上直达心脏，我瞬间两眼一黑，坠入这陷阱。

猎人

“为什么来找我？我又没有伤害别人，一些鸟而已，为什么会让我们赔这么多钱？”

我是一个农民，但为了生计，我还有很多职业，我是能扛能挑的熟练工人，也是穿山越岭的捕猎能手。说到打猎，我们这里野鸟、野兔子可多了，像斑翅

现场办案

检察官在查看案件现场

山鹑这种鸟，据说就很有市场。同乡的老哥说一只只逮太麻烦，不如设个电网，鸟一落下来就一命呜呼，随地就能捡到好多只，算是我们最省心的“副业”了。直到公安的民警敲响了我的房门。

当我和我的同乡站在法庭时，我的内心还是难以平复。几位身穿浅蓝色制服的人宣读着名为“起诉书”的东西，提到了“保护野生动物”，提到了“损害社会公共利益”，最后还说要我们 5 人赔偿什么生态资源损失费用 120 多万元，并公开道歉。我的心立刻咯噔一下，为了眼前的一点蝇头小利，名声臭了不说，还要背上新的债务，家里的娃娃也是用钱的年纪，这可如何是好？

这时，那位穿着浅蓝色制服的人向我走了过来。

“现在不比以前了，如今是法治社会，不仅人民的权益得到了完善的保护，为了长远发展，生态环境、野生动物的权益也需要保护起来。斑翅山鹑是国际濒危物种，可不是能自由交易的商品。你们几位家里的情况我们也调查了解过，想把日子过好的确不容易，但绝不能走上违法犯罪的道路。不多说了，好好就这个事道个歉，这 120 多万元，我们检察院也会想想办法去协调。”

检察官

我把感冒药在水杯里摇晃了几下，想在后排靠着眯一下，却因为昨日的熬夜而感到头疼欲裂。看着车窗外掠过的鸟儿，不由得苦笑："保护好你们可真不容易"。

来到林业公安的工作站，我终于赶在防疫销毁前见到了它们最后一面。眼前的场景让我难以呼吸，几百只鸟类、兔类躺在冰冷冷的地上。这些原本活泼可爱的精灵，眼中已失去了往日的灵动。公安和我说，这些只是这起案件总数的一半，另一半已经被售往外地成为他人腹中之物。

在审讯室见到他时，这位老哥并没有我想像中的那般残忍嚣张，他两眼无神地坐在那里，身体蜷缩着，身上的污渍和磨损也提示着他贫困的家境。我就这样看着他，他没有任何狡辩与反驳，只是不时叹气，眼角的泪痕触动着我的内心。

这怎么看也是个老实的农户，为何要做这种傻事。

半个月后，我看着手中鉴定报告上的数字，眉头不由地紧皱了起来——生态损失价值 1 217 120 元，虽然是由 5 个人共同承担，但那几位的经济状况，真的能拿得出来钱吗？如果最后执行不了，这个案子的警示、普法、惩罚的目的又如何体现？

经过我们与相关单位的多次协商沟通，最终推动县林业和草原局提出了异地补种植绿的替代性修复方案，即通过种植林木的劳务行为，替代弥补生态损失的经济价值。

我们初闻这个方案都如同醍醐灌顶般高兴，因为对于生态的修复，最完美的方法是补充同等数量规模的野生动物回归自然。但斑翅山鹑属于濒危动物，无法从市场上进行采购，如果僵持下去，无法解决生态环境修复的现实问题。而这种"植物代替动物"的生态补偿方式，遵循了自然界生态系统这个总体概念，在全国应该也是"吃螃蟹"之举。同时，以劳代偿的形式也大大缓解了几人的经济压力，使他们在受到了法律惩戒的同时，也不至于让他们因诉致贫。

旁白

建立检察机关提起公益诉讼制度，是党中央作出的重大决策部署和重要制度设计。保护国家利益与社会公共利益，是检察公益诉讼制度的落脚点和出发点。作为自然资源的重要组成部分，对野生动物保护是检察机关履行公益诉讼检察职能的重要法定领域。自 2015 年 7 月公益诉讼检察试点启动至 2020 年 12 月，检察机关共办理野生动物保护领域公益诉讼案件 7 420 件，2 794 件案子进入诉讼环节，通过庭审教育，宣传了保护野生动物的严肃性与重要性。

野生动物保护执法是一项复杂、系统的工作，涉及自然资源、林业、农业农村、市场监管等多个部门，需要各部门分工协作、共同发力。要用足用好检察建议、提起民事公益诉讼等手段，监督相关主体履行社会责任，共同惩治和预防违法行为，激活野生动物保护机制，为可爱的野生动物提供一个充满爱的共生家园。

多彩鄱阳湖

| 汪丁 |

在长江南岸，赣水之滨，你会看见一颗璀璨透明的明珠镶嵌在祖国的大地，那就是我国最大的淡水湖鄱阳湖。鄱阳湖，古称彭蠡、彭泽，汇五河之水入长江，夏季涨水似汪洋大海，冬季退水成“星子”万千。鄱阳湖具有重要的防洪调蓄功能，独特的水文气候环境造就了其国际重要候鸟越冬湿地的美誉。来到鄱阳湖，你真正会被“落霞与孤鹜齐飞、秋水共长天一色”的美景所吸引，也会醉倒于水光十色、万鸟齐鸣的震撼，感受那鄱湖之水何处来，悠悠山河尽作答。

海洋，孕育了最初的生命，海陆关系是影响区域气候的重要因素。季风性气候带来丰沛的雨水，雨水降落赣鄱大地被绿色的山林吸收，山川地势、河流乍现。一路向北的河流投入鄱阳湖的怀抱，滋润着沿岸的万物生灵。打开江西的流域卫星图，你会看到东面、西面、南面是山脉，北面经鄱阳湖而入长江，加上湿润的季风气候和良好的植被覆盖，使得江西“村村有江，县县有河”。这些江河森林维持着赖以生存的自然基础，让江西成为首批生态文明先行示范（区），使得江西绿色崛起、美丽中国江西样板有了底气。

每年 10 月至次年 3 月，是鄱阳湖最热闹的季节。南迁的候鸟与留守的夏鸟在浅水滩相遇，放肆生长的苔草下潜伏着一只又一只鲜活的淡水螺，南荻好似那芦苇荡迎风飘摇，永吴公路早已不是夏时的车溅水花，而露出了干净的水泥路面。美丽的白鹤妈妈全然不顾寒风冷雨，带着宝宝耐心地觅食；雁鸭欢快地滑动脚掌，成群结伴钻入深水又探出小脑袋。待夕阳西下，白云渐矮，行至沙湖、蚌湖湿地，数百种鸟叫声聚合成天籁之音，让一切尘世的纷扰忘却，只见人字形大雁南飞，只听“风声鹤唳”“鱼翔浅底”“草长云飞”。

鄱阳湖白鹤高飞　（金杰锋　摄）

鄱阳湖白鹤家庭　（金杰锋　摄）

鄱湖之水养育了鱼、鸟、草、人，维系着长江中下游生态平衡，但同时，这位“控制不了”自己的“母亲”也不断带来麻烦。

历史上，南昌被称为洪都，就是因为鄱阳湖经常泛滥的缘故。时至今日，每年的5—9月的防汛抗洪是鄱阳湖流域的头等大事。2020年7月星子站水位超历史警戒线，更是敲响了人与湖关系的警钟。鄱阳湖本来的作用就是蓄水调洪，维持江湖水量平衡。随着城市化的发展和人口的增长，围湖造田等工程使得鄱阳湖的面积不断缩小，人与洪水的矛盾愈发突出。进入21世纪，围绕解决人地、人湖问题的方案引起重视，最终形成环鄱阳湖生态经济圈这个最好的结果。一系列的科研保护工作正在鄱阳湖展开，一条全流域的自然、经济社会协同发展之路越走越明朗。一些未解决的问题如鄱阳湖大坝及配套工程需要因势利导，各方权衡；十年禁渔期需要生计的大规模转型，开发新的经济增长点。总之，要靠智慧解决实际问题，尽量遵循原有的自然规律，不要把人类无穷止境的欲望强加给本就脆弱的生态系统。

湖边的倒影，是虚幻缥缈，却也倒映着天空的蔚蓝、云朵的洁白。千百年来一直在迁徙的鸟类，世世代代生活在湖里的鱼草，构成一幅美好丰富的场景——人在湖中行舟，鱼在水中游走，鸟鸣嬉戏，千百万年亦是如此。若爱这一方土地，便拿出热情做点什么，只为这无私奉献被不断索取。

离开了鄱阳湖的怀抱，我就是一个思念的人儿。与生俱来的自豪，是鄱阳湖的水草丰美，碧波荡漾；是千家万户灯火通明，照亮了湖面，映衬着一轮皎洁明月。鄱阳湖的草，南昌人的宝；鄱阳湖胖头鱼，惹人喜爱。多彩的鄱阳湖，愿你一如既往秀美出彩。

鄱阳湖候鸟觅食与嬉戏　（金杰锋 摄）

鄱阳湖蓼子花海里的白枕鹤　（王文娟 摄）

思燕

| 曹国选 |

八旬老母终于答应“到满崽那里打个转身就回来”，了却了我们做崽女的一件心事。

这是她第一次离开故土洋沙湖畔出远门，又不可能“打个转身就回来”，母亲更加像丢了魂魄一样，坐卧不宁。其实只有我心里晓得，母亲最放心不下的还是家里的燕子。

冬去春来，山里总有燕子成双成对地飞进来，穿来梭去地选择人家。找准栖息之地后，才衔来泥土和草茎用口水粘结成半球形的窝，窝里铺上细软的杂草、羽毛、破布之类的，建成一个温暖舒适的家、生育崽女的巢。

有些人家不喜欢这种既吵闹、又不卫生的东西待在家里，见燕子来了就驱赶。母亲见到这种行为，便会斥责：“燕儿没逗你，没惹你，吃的还是蚊子、苍蝇，你为什么要欺负它们呀？”我小时候也因为吃饭时见了碗里的脏东西，捅落过燕窝，母亲发现后，举起颤抖的双手虽然没有落下，我的脸上却像挨了重重的一巴掌。

母亲不仅不嫌弃燕子，而且生怕燕子不进屋筑窝，于是想办法吸引燕子的小眼球。

她用篾片编成巴掌大小的竹板，固定在楼檩的大头上，与楼板留出足够的空间，等候春天，等待燕子。

我问母亲：“妈，万一它们不来，岂不白忙了？”母亲肯定地说：“不会的。人到一个新地方安家，也得先立足嘛。”

我又问："为什么要用竹板，木板不行吗？"母亲启发我说："你动脑筋默默神，竹板，木板，哪样筑窝牢稳些？"我想了想答道："竹板凹凸不平，容易粘牢泥土，自然牢稳。"母亲深情地笑了。

我又说："妈妈这么喜欢燕子，干脆多钉几块竹板，多住几窝燕子。"母亲摇头道："要不得，不灵。"接着告诉我，有几年她钉了一排竹板，可每年还是住一对燕子。

"树大分叉，崽大分家，鸟也是这样啊！"我天真地说，"我长大后就不分家，不离开妈妈。"母亲笑道："蠢崽，崽大不由娘，总会离开娘的。守在这山里，守在娘身边，是没出息呢！只是，满崽日后有了新家不忘老家，讨了妇娘不忘母娘，妈妈就心满意足了。"

果然，母亲的心思没有白费。每到春暖花开、柳枝发芽时，燕子便会轻车熟路地飞进家来，昼夜不停地衔泥筑窝。这时，母亲一双老眼会跟着燕子飞转，边看边说："还是那一对，也许是它们的崽媳妇、郎女呢。"我就说："不可能，燕子都是一个样嘛，你怎么能分辨出来？"母亲却一口咬定道："肯定是，不然的话，哪会这么像呢？再讲，如果不是它们，哪能这么容易找到回家的路，找到熟悉的家呀？"

之后几个月，母亲一门心思似乎都放在了燕子身上。一天到晚与燕子唠叨不休、嘻耍不完。特别是明月当空时，她更没有困意，站在窗前，或者通道口，仰望飞进飞出、川流不息的身影，欣赏燕子勤劳机灵的觅食本领，仰慕燕子哺育后代的无私精神。

想到燕子住下后，便要生育崽女、繁衍后代，母亲生怕燕子累坏、饿坏，便想方设法弄些好东西来，替它们补补。她晓得燕子喜欢吃虫子，心想也应该吃鱼肉，但当时人想吃荤腥，还得靠票证，哪有多余的去喂鸟？母亲不顾这些，用票买来鱼肉，剁成末，或者村里杀猪，她从案板上刮出一层肉泥来，先将肉食放在燕窝旁，让燕子自由自在地吃。见它们不吃，母亲就将燕子捉住，抱在怀里喂。可燕子红黑不吃，塞进喉咙里的美食也要吐出来。母亲只有无奈地摇头道："这些吃'活'饭的小东西，还挺娇气的呢。"

母亲最担心燕子受到伤害。先前的家是土砖茅草房，纸糊的窗户随便开个口子，就能满足燕子的出入需要。可人总得出门做事走亲戚，门一锁，窗一闭，燕子如果这时归来，找不到熟悉的路，进不了熟悉的家，或许产生误会而移情别家，甚至被人赶跑或打死呢。如果燕子虽然住下来，却出不了门，觅不到食，不饿死也会饿瘦的啊！

母亲想了好久，才生出一计，从屋墙上角抽出一块砖，开辟一个洞。这个洞既不能让鸡狗爬得进来，更不能让贼牯子钻得进来，只能让燕子自由自在地进出。待到燕子走后的寒冬腊月，北风呼呼往屋里灌时，才临时塞一块砖堵塞洞口。开春后，抽出砖块又成了燕子的专门通道。

母亲一直相信，燕子来，家门旺，这是吉祥、有福的事。

几十年来也证实，燕子给家里确实带来了很多好运，我们兄妹一个接一个地跳出“农”门，进了城市。只是，当我这个满崽最后走出家门时，母亲一双红润的老眼直望着窝里的燕子，喃喃道“燕儿，我的燕儿……”时，我这才意识到，我们这些做崽女的，果真都成了燕子，心里也咬定，我一定要做合格的燕子——不！比燕子更优秀，常回家看看！

每次回家，我总见母亲对燕子一往情深，拉扯家常时也离不开有关燕子的话题，只是春日里表现出格外的兴奋，冬天时透露出淡淡的忧伤。母子久别重逢，有着说不完的话，母亲到深夜也毫无倦意，我却有些坚持不下。母亲见状，便催我早点睡。可我上床后，却又睡不着了，半睡半醒中，一直听到母亲在喃喃自语，是对燕子，还是对我？

这样的情形每每震撼着我的心灵。本来，从父亲去世的那一刻起，我们就想像到了母亲的晚年生活，精心设计，反复说服她进城一起住，她却斩钉截铁地说：“不去！我不会去做孤魂野鬼的！”

母亲红黑不肯离开山门半步，我们兄妹只有轮流常回家看看，更多的是三五几天打电话问问。尽管每次通话中，母亲除了家乡的新鲜事，就是那几句背得滚瓜烂熟的嘱咐：保重身体，干好工作，不要挂念妈妈。更多的是与燕儿的生活趣事……

只是，每每提到燕子，我更会忧心忡忡。燕子如果一年四季能与母亲作伴，该多好啊！那些沁甜的话语、青睐的行为，也许能够代替崽女的孝心，给予母亲极大的宽慰和满足。有燕子在，母亲才不会感到寂寞，才不会想入非非，才享有天伦之乐。可是，燕子不可能做到不舍不离，一到秋风萧瑟、树叶飘零时，燕子往南飞走，燕窝变成了空巢，像母亲这样的“空巢老人”，有话找谁去说？有苦向谁去诉呢？

母亲的生活处境，让崽女时刻担惊受怕。果然，母亲八十大寿那天，《五女拜寿》的花鼓戏还没有唱到“拜寿”，母亲就病倒了。我们强行送母亲进医院检查治疗后，熟悉的医生狠狠地教育了我们这些不孝子女一顿，母亲也深受感染，终于叹息一声：“唉！生在哪块天，死在哪块地，也是命中注定的。”

临行前，母亲一双脚钉在屋中央，两眼痴呆呆地望着吱吱嘎嘎叫不休的燕子，喃喃道：“燕儿，莫哭，娘拖了一身病，没有退路呀！娘不在，也一样，还是我们的家。千万莫飞走！千万要回来！娘迟早也会回来的，你们要等娘啊……”

很久很久，母亲才将一把钥匙交给邻居，千叮咛万嘱咐“替我看好燕儿”，才恋恋不舍地走出家门，走向公厅屋，走出朝门，眼泪汪汪地挥手与乡亲们告别。

母亲前脚刚踏上车门，抬眼照见窗口反射过来的耀眼光芒，突然想起什么来，急忙返回家门口，望着窗户发愣。窗户装的是玻璃，虽然看得清对面的人，却钻不进一丝风。母亲叫我爬上窗台，把窗户顶格的玻璃取下一块来，再给燕子多留一条通道，这才安心地上车。

黑颈鹤飞过家乡

| 何泽琼 |

凉风起，秋意盛。天空旷远澄净，像在等待熟悉的队列。夜晚空寂不安，似乎特殊的鸣叫就要传来。我知道，和我一样满心期盼的，还有这一片丰茂的土地，以及这片土地上淳朴的人们。没有约定的约定，能兑现么？

和大多数通过摄影走上动物保护之路的人一样，因为拍摄，我与黑颈鹤结下不解之缘。一次又一次，与影友跋山涉水，奔赴黑颈鹤越冬地云南大山包和会泽，拍摄黑颈鹤。在梦幻般的念湖，用影像定格它们优美的舞姿，聆听它们富有灵性的唳鸣，感受高原神鸟顽强的生命力。在冰雪封冻的大包山，那些迎着朝霞飞翔的身影、在冰天雪地引颈高歌的雄姿，以及双双对对悠闲觅食的温馨画面，化作美好的回忆，深深印进脑海中。

我怎会想到，黑颈鹤，这高原的神鸟，有一天会降临我的家乡——美丽的四川洪雅！

2016 年 3 月 26 日，永远难忘。那天，春秀和我正在瓦屋山周沟采集历史文化资料。临近中午，在雅女湖开船的李柱打来电话："湖上来了一群大鸟，像仙鹤，有好几十只呢！"言语之中，满是兴奋。像仙鹤一样的大鸟，会是什么呢？春秀和我都想到黑颈鹤，但又觉得不可能。内心装着期待与疑问，急急赶往雅女湖。

三月的瓦屋山，春雪缀染，寒堆点点。温婉的雅女湖，如一面明镜，将瓦屋山映进湖中。"大鸟就在对岸，洋芋地里！"李柱划着船，慢慢往对岸驶去。刚到湖心，便见湖边立着一群体型高大的鸟。这些大鸟有 1 米左右高，羽毛为白色，颈部、飞羽和尾部是黑色。或许因为长途跋涉，羽毛看起来很脏。李柱说，它们来了有三四天了，白天在湖边的地里觅食，晚上栖息在湖心的岛上。待小船再靠近一些，我和春秀看清楚了，这些大鸟，正是国家一级保护动物——黑颈鹤！

瓦屋山为什么会出现黑颈鹤呢？作为世界上唯一生长、繁殖在高原的鹤类，每年 3 月，黑颈鹤冒着春天的雨雪，迎着凛冽的寒风，跋涉至青藏高原海拔 3 000 米以上的湖泊、沼泽，筑巢求偶，繁殖后代。冬季酷寒来临之前，又迁徙到南方，在云南、贵州的沼泽、湿地越冬。神奇的黑颈鹤，就在这样的迁徙轮回中生长、繁衍。可它们为什么出现在瓦屋山区呢，难道它们把这里当成了家园？

我和春秀返城后，随即向相关部门作了报告。第二天，洪雅惊现国家一级保护动物黑颈鹤群的新闻报道，在四川在线播出，多家国家级媒体也相继报道。一时间，洪雅来了黑颈鹤的消息，像插上翅膀，飞到四面八方。一些摄影人闻讯后，专程赶到雅女湖，观赏和拍摄这神奇之鸟。

专家解释，黑颈鹤迁徙分为三条路线：东线、中线和西线。其中，东线从若尔盖松藩草地，沿岷江流域、邛崃山脉自北向南，经雅安、洪雅、乐山、宜宾抵达乌蒙山区。秋季返回越冬地时，由南向北，走同一条线。洪雅正好处在黑颈鹤东线迁徙通道上。早在 2006 年，卫星就已监测到，黑颈鹤东部种群于当年 3 月 31 日～4 月 1 日在洪雅县瓦屋山镇停歇。

黑颈鹤对生存环境要求极其苛刻，其迁徙途中的停歇地也相对固定。瓦屋山于 1993 年划为省级自然保护区，域内丰富的植被，良好的环境，特别是雅女湖宽阔的水域，为黑颈鹤停歇、补充食物营养，提供了极佳的条件。

回城之后，念念不忘。我带上长焦约上影友，再次来到雅女湖，住在王坪农家，一边观察记录黑颈鹤，一边向村民们宣传候鸟保护知识。质朴的瓦屋山村民，把黑颈鹤当成仙鹤，把它们的降临看作吉祥的象征。他们任由黑颈鹤在自家的洋芋地里刨食，没有一户人家去干涉，甚至主动把自家种的红苕、玉米，用来喂黑颈鹤。村民们俨然把这群仙鹤当成了尊贵的客人。

迁徙中的黑颈鹤

一连数天，我守在雅女湖边，远远地看它们觅食、在湖边自由起舞，听它欢快鸣叫。它们集体起飞，在湖上盘旋，优美的身姿倒映在清澈的湖水中。这一群生灵，为这片宁静的山水，带来了无限灵气。我用长焦拉近，细数，一共有 56 只。看着眼前的黑颈鹤，脑海中不自觉地浮现出它们迎雪飞舞的景象来，一股深深的敬意油然而生。勇敢的生灵啊，为了水草丰美的高原，为了生存和繁衍后代，这一路，你将经历怎样的雨雪风霜！在气候和环境恶劣的高原，有多少危险在等着你！多么希望能把你留下来，可你的家在远方，我又怎能留得住呢?

56 只黑颈鹤，在雅女湖逗留 20 多天后，终于在 4 月的一天，向北飞去。候鸟在迁徙途中，一般停留 1 ~ 2 天，最多也不过 6 ~ 7 天，在一个地方连续逗留 20 多天，极为少见。

神鸟飞走了，留下宁静的雅女湖和一个关于黑颈鹤的美丽传说。我和影友

把拍摄的黑颈鹤照片放大，送给李柱和村民们。他们把照片挂在家里的壁头上，逢人就讲，这里来过一群仙鹤，并说黑颈鹤一定还会再来。

黑颈鹤的眷顾，带来惊喜，也带来期待。人们以百倍的热情，为营造候鸟迁徙环境努力着。面积 1 000 亩的全省首个“候鸟补食”公益保护基地建起来了，在冬季为在青衣江越冬的候鸟提供食物补给。热心野生动物保护的志愿者汇聚在一起，组建起候鸟护飞“大团队”。作为摄影人和爱鸟人，我毫不犹豫地加入志愿行动，并应邀加入“德邻公益保护工作室”，致力保护候鸟家园。在我的身边，观鸟和拍鸟的摄影人越来越多。大家不仅自己爱鸟护鸟，还积极倡议呼吁，争做候鸟保护使者。

梧桐成荫，有凤来仪。2017 年 3 月，黑颈鹤再次停歇雅女湖。2018 年 12 月，影友拍摄到黑颈鹤在瓦屋山顶鸳鸯池上飞翔的照片。此后两年，在县内中保义公坝、东岳孙坝、花溪兴胜，陆续发现黑颈鹤。2021 年 3 月，村民将自己用手机在家门口拍摄的黑颈鹤图片，发到网上。农人在田间劳动，黑颈鹤在田坝悠闲漫步，人与鹤，和谐相处。那样的画面，在我眼中，又美又暖。

感谢摄影，它不仅教会我发现美、记录美，还教会我去关注，教会我去爱。

相遇总是短暂，而等待却是那么漫长。

然而，我深信，美丽的黑颈鹤，高原的神鸟，一定还会翩然降临这片充满爱的土地。

万物方舟

| 沈荣均 |

人生第一个登高的渴望因它而等待，那来自秘境的魅惑。它叫瓦屋山，当地人叫作“老瓦山”或“老屋山”，那是我的家山。

小时候，听长辈说山上有神灯、佛光和“三个太阳”。欲罢不能的是，启蒙先生竟然说那儿住着熊猫和珙桐，地球化石活物，神一样的存在，曾经博得一位叫亨利·威尔逊的英国人艳羡：“远眺就像一艘漂浮在云雾中的巨大方舟……”（亨利·威尔逊《一个博物学家在华西》）传说让我疑惑，方舟令我向往，果真拜神嘱所赐?

为此我找到了印证，野生植物 3 500 多种，杜鹃、珙桐分布百万亩，野生动物 460 多种，其中大小熊猫、羚牛等珍禽异兽 20 多种，享有“杜鹃花的王国”“鸽子花的故乡”“熊猫的天堂”“动植物的博物馆”等诸多盛誉。

便信了威尔逊的方舟一喻或有博物学的意义——它的确是避难的，关于我们及万物。

直到 1998 年 9 月 10 日，我第一次来到它的脚下仰望，就被它的遗世独立感动。我掏出一张老照片，那是 1908 年 9 月 8 日，威尔逊在瓦屋山脚所拍。我从炳灵祠到柴山，反复变换眺望的角度。100 年前，威尔逊也是这样打量它的。很快，我发现了不同，照片是灰色的，远景迷蒙，近处也不见原始混交林常见的景观，略显落寞。眼前的瓦屋似乎比照片更通透、纯洁和充满生机。

在双洞溪我找到了威尔逊当年所见铜铁矿厂，不过早被藤蔓和草木掩埋，从他的日记中可以想象遗址当年的炉烟滚滚。那里正在建设自然保护区，采冶矿产早已废除，天然林也被禁伐。当地人几乎用了半个世纪的积蓄和等待，还了眼前那座青山。

在大法洞和燕子洞瀑布边，我看到了成片的珙桐，而它们的祖上，在威尔逊到来的时候，正被当作廉价的冶矿烧柴浪费。直到 9 月 10 日登上山顶，威尔逊也没有找到成年的珙桐植株。在《中国——园林之母》中，“所有的大树都被砍伐，变成了木炭。”他说，“从植物学的观点来看，瓦屋山颇令人失望”。

熊猫更不用说了，他说在瓦屋山“未见到任何种类的动物”。当然，这一切都已成为过去。真的庆幸啊，因为我们手下留情，大自然竟不计前嫌予以回报。我在感谢人类自我纠错的同时，不得不惊讶于万物的无怨与更生！

随后的攀登中，我见着了天师栗、鹅掌楸、箭竹、云杉、冷杉、红豆杉，还有各种高寒杜鹃。因为是秋天，杜鹃尚不见花，不知叫啥名。多年前威尔逊采集了它们，回到英国后，以“瓦山”命名了其中的 17 种，这令我自豪。那次上山我并不比那个英国人运气好，也没能见着熊猫。回到山下朋友家过夜时，请教过一位老人，老人年轻的时候是猎手，以捕猎燕子崖岩羊为荣。说到熊猫，

泥炭藓

小熊猫

老人一脸崇拜，他说活了一辈子也没见过，那玩意就是山神化身，珙桐花开的崖边或更幽僻的“迷魂凼”听说有的，见着的怕得造天大的福。也许正如老人所言，许多的朝圣者包括威尔逊的怅恨而去，想来也是未曾修炼到足够的福分。

之后，我去了山下参与一个水库工程的建设，有更多机会近距离、多角度切近那秘境。我在春夏秋冬登临。我歌唱草木，那从未退场的孤芳自赏。它们叫报春、地丁、万寿竹、八月光、覆盆子，叫木青、连香、马桑、香槐、红豆，叫各种五花八门的神木，“藏在深山人未识，犹抱琵琶半遮面”，宛若珍珠连缀成 2 800 米的高度。我登临它的顶峰，冥思苦想，恍若隔世，仿佛那一场关于传说的赴会就要降临！

没有让我失望，在离开它之前，我真的见证了传说！那是 2005 年 3 月 13 日傍晚，在我第一次住过的山下村庄不远，人们发现了它——大熊猫，我打小的图腾。它迷路于森林的边缘，村民及时通知保护区来人，记录下珍贵一刻。它在接受短暂的治伤后，重返密林。那是瓦屋山原创的活体影像。我近距离目睹了它的真容。它不是神，却像幽灵一样游走于世界的边缘，因此受到最高礼拜。那天的消息轰动了世界，是它应得的尊严。它的现身，给了山民们足够的信心，此前他们正为保护区不准打笋影响生存担忧。我清楚地记得，他们一致喊出，就打它的牌（大熊猫旅游牌）！山民们的表态，让我释怀。他们已然觉悟，懂得借力传说，一改靠山吃山的活法，尝试与万物互生相长。

好事并未止于此。2007 年的秋天，一家国际媒体慕名而来，他们组建了一支科考队，我列其中。我们要去的是那从未揭示的圣地——瓦屋山“迷魂凼”，它在北纬 29 度。任务是穿越那秘境，寻找神物的踪迹。我们做了很多准备，找到曾经误入其中死里逃生的山民做向导。尽管心有余悸，向导还是坚定了信心，多年前他们的确见过大熊猫的粪便。

我们在迷雾中出发。竹丛越来越茂密，苔藓越来越绵厚。我们艰难地辗转穿行，在战胜地磁和瘴气后，终于抵达密林深处。那是一处洼地。向导找不到对应记忆的印迹，多年前冷箭竹刚刚经历了上一轮的开花，周围都是又矮又细的竹秧，现在包围我们的是高人一头密不透风的成年竹丛。随处可见雷劈倒下的朽木，布满五彩的苔藓，斑斓的蘑菇，颠覆了我对森林的认知。看见了树灵芝，阳光刚好透过林隙照过，宛若“琼楼玉宇”的美轮美奂，我拍下了它。可惜没见着大动物。快要绝望的时候，终于发现了它——小熊猫，正卧在树叉晒太阳。真乃天意！我们一致把焦点聚向它。是的，它真的叫熊猫，比大熊猫的得名还要早。它的名气不如大熊猫，但它正牌的大熊猫伴生毋庸置疑，甚至就是最近的门亲。作为活体的地质断层，它们的进化比人类更早也更顽强。

它们与人类的交集，既是悲剧也是喜剧。从它们的身上，人类照见过去，也预示未来。想到山下那位老人的喻示，大小熊猫都是仙物，看到其中一种就已属有缘，还有什么奢望和遗憾?

一场奇遇搅动了接下来长久的幸福，之后我一直沉浸其间多年。前些时候，忽然想起来打电话询问曾经一起工作过的保护区朋友。朋友说瓦屋熊猫现身已是抖音常态，他们刚在野外用红外摄像捕捉到一只新生代活体的靓影。我笑问，这算偷蹭人家流量么？朋友笑我是俗人之见。也是，万物的语境里，我即普遍性，即观照全部，我就是流量，还怕谁蹭？于是，我留下了祝福：万物起源于方舟，方舟起源于凝望，共同奔向彼此的有观，生与更生，一亿年不息！

在西双版纳，偶遇热带雨林“守护神”

| 黄亮斌 |

因参加联合国开发计划署和生态环境部的一个生物多样性会议，我来到彩云之南的西双版纳。

在这里偶遇了我国民族植物学奠基人裴盛基——热带雨林的“守护神”。

裴盛基从事植物学研究迄今已有 65 年。1960 年，他跟随我国植物学泰斗蔡希陶进入西双版纳热带植物园，这一干，就扎根 27 年。

这个如今每年游客达上千万人的植物园，被称为中国热带植物的天堂，在早年不过是澜沧江畔密林深处的一个叫“葫芦岛”的偏僻之所，山高路远，瘟疫横行。正是蔡希陶、裴盛基这一代开荒者们不畏烈日瘴疠、毒虫猛兽，筚路蓝缕开辟出一个面积近 13.33 平方千米的热带植物园。

在热带植物园的西园，上万种树木植物遍植其中。园区实行科学的分区管理，规划了国树国花园、百果园、荫生植物园、棕榈园、藤本园等，非常方便游客学习鉴赏。不同园区间既有区别又有联系，如南药园，主要种植各种草药，菊科药草就有耆草和艾蒿，金粟兰科植物草珊瑚，而种植在民族植物园的药物，也融合了民族药方。

版纳植物园也深深打上了第一代植物学家的工作印记，如核心园区的棕榈园，就与《中国植物志 · 棕榈科》的编纂不无关系。担任这项编纂工作的裴盛基一方面积极利用国内野外考察的成果，另一方面积极向国际同行学习，终于完成 28 属 100 余种的《棕榈科》的编纂。与此同时，占据西园核心位置的棕榈园也应运而生。

植物园内的树木也与国家命运和历史大事相关联。如 1969 年从傣族一种名为“埋央亮”的树木中提取碳十四脂肪酸，作为坦克、飞机在高寒地区“抗凝增黏”添加剂，在当年中国与苏联之间的“珍宝岛保卫战”发挥重要作用。这种原先默默无闻的边地树木从此有了一个响当当的名字——“争光树”，为国争光。

还有 1975 年发现的望天树，这种高达 70 多米的龙脑香科树木的发现，否定和驳斥了国际学家关于“中国是没有热带雨林分布的国家”的主流认识，而同一年利用国产美登木提取物制作的抗癌用药，送进了彼时正备受疾病煎熬的周恩来总理的病房，寄托了国人对总理的敬爱与恢复健康的期待。

在版纳植物园不断完善建设的过程中，也丰富了老一代科学家们的植物学知识。1981 年裴盛基发表《西双版纳民族植物学的初步研究》，标志着我国民族植物学的正式诞生。尽管起步较晚，但因为有着几十年热带雨林野外考察的基础打底，使得裴盛基与他的伙伴们一出手就非同凡响。

民族植物学来源于人与自然关系的关注与研究，尤其是对密林深处、以少数民族同胞尊重自然、依托自然、守护自然的长期观察，通过对传统植物学的梳理，推动了现代人类学、考古学、经济植物学、药物学、生态学的综合发展。

在裴盛基看来，开展民族植物学的最源动力在于，当一片片热带雨林在大地消失时，要让脆弱的森林永远保存下去。

民族植物学并没有成为拯救热带雨林的“最后一根救命稻草”，这也使得 80 多岁高龄的裴盛基不得不继续活跃在热带雨林保护第一线，为保护热带雨林而奔走。

新近的一个保护地是勐罕镇曼远村，这个传统的傣族村有着与热带雨林和谐相处的良好习俗，每一个村寨有两片森林，一是人死后采取传统火化，骨灰撒入坟山林；而另一处垄山林严禁砍伐；每村建有佛寺，寺庙树木谁也不能动。

尽管有着自然保护的优良传统，但曾经的曼远村还是受到经济作物种植的强大冲击，橡胶林不仅种满了村口的田地，连寺庙周边的土地也在一点一点被蚕食。

2020 年 10 月，裴盛基在云南省景洪市勐罕镇曼远村指导开展民族植物学工作　（黄亮斌　摄）

在这种背景下，裴盛基会同有关部门发起了“曼远傣族垄山自然圣境保护示范点”项目，传统垄山依旧保存着高耸入云的芒果树，林中橡胶林退出后，建起了面积 2 000 平方米的佛寺药园，种植有铁力木、竹叶兰、石斛、贝叶棕、鸡蛋花、缅茄、铁力木及望天树等 120 余种、3 000 多株药物和国家一级保护物种。

如今的曼远村，村口瓜果飘香，芒果在树上挂着，缅茄压满枝头，村民满含笑意，用汉语和傣语与“老熟人”裴盛基老师热情地打着招呼，感谢他为保护传统文化和生物多样性做出的贡献。村委会授予他荣誉村民证书，村头“有林才有水，有水才有田，有田才有粮，有粮才有人”的标语以及“中国最美十大乡村”的铭牌，彰显出这个傣族村寨传统的生存智慧，并在现代生态文明下焕发出勃勃生机。

活跃在祖国南疆的裴盛基，看起来还像是那个滚石上坡的弗弗西斯，始终坚定有力。正是一代又一代的“裴盛基”们的不懈努力，推动了人与自然关系的重塑与进步，这就是从莽莽森林中形成的中国智慧。

古道雄关鸟欢歌

| 陆向荣 |

红河源头，古道悠悠。鸟道雄关的候鸟，每年秋天都会如约而至。

鸟道雄关位于云南省大理州巍山和弥渡之间2 800米海拔的险峻垭口上，垭口东面是弥渡坝，西面是巍山坝，史称隆庆关。虽已是深秋，密林里却是生机盎然、山花烂漫，绿的如翡翠，那是人工种植的华山松；金黄色的野姜，是制作蜜饯最好的原料；还有各色的野花盛开林间……这些，是自然保护区生态保护带来的福祉。

仲秋夜雾鸟飞盘。每年秋天，成千上万的候鸟从高纬度地区向低纬度地区迁徙，它们白天以太阳为航标，夜晚则凭月亮、星辰指引，凭借山脉地貌及地磁来确定飞翔的线路，飞赴南亚、东南亚及大洋诸岛，躲避北方寒冷的冬季。隆庆关作为鸟类迁徙的必经之地，一到仲秋阴雨天的夜晚，其山丫口浓雾缭绕，遮住了月亮和星辰，使得夜间飞临的候鸟迷失方向不得不停留下来，在漆黑的夜幕下互相撞碰发出鸣叫声，这才形成著名的“百鸟朝凤”的奇观……其实，再怎么神奇独特的自然现象，也是可以用科学的道理来解释的。

鸟道雄关这个名字的出现，始于20多年前在这里召开的一场重要的国际性会议。

1997年10月，云南省鸟类环志国际研讨会在巍山召开，来自日本、泰国、印度尼西亚、越南等国内外的40多名鸟类权威专家在隆庆关垭口发现了一块明万历年间刻写的石碑，上书“鸟道雄关”四个大字，他们认为这是世界上目前发现的唯一一块记载“鸟道”的石碑。这块石碑，宽1.7米，高0.7

生态良好的鸟道雄关

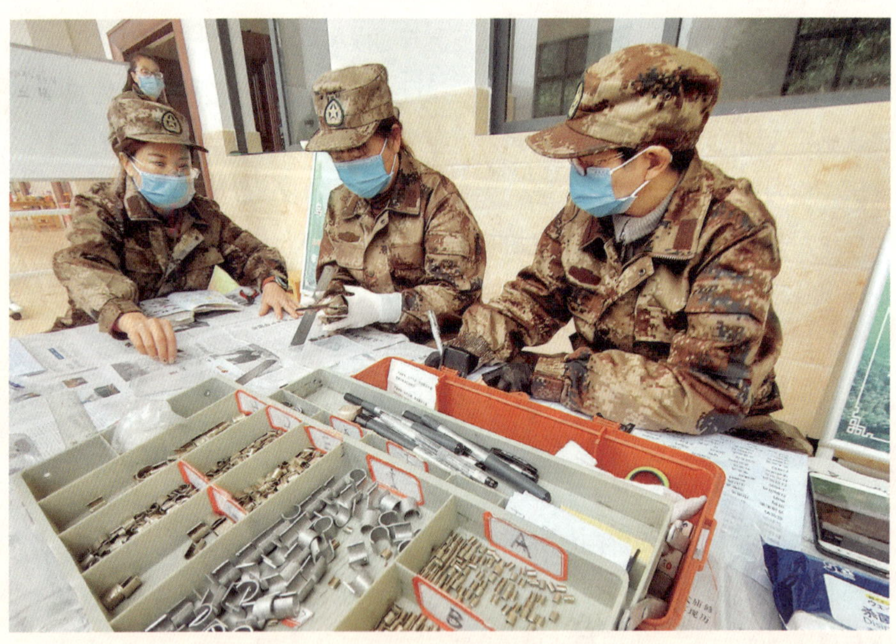

环志站工作人员在环志候鸟

米，厚0.1米，尽管已经历了数百年的风雨洗刷，上面隶书书写的“鸟道雄关”四个大字依然苍健有力。更为奇特的是，古碑上的字体遒劲，而石碑上的“鸟”字却少了一点，据说是前人写此碑时一定看到这里沿袭了几千年的打鸟习俗，故意少写一点以示警告：“鸟”少一点尚可算鸟，如长此以往打下去，再少一点，“鸟”将不“鸟”！

的确，在过去千百年间，巍山东山群众都有打“雾露雀”的陋习，将飞鸟视为“天上掉下来的下酒菜”，每年秋季浓雾升腾的夜间，附近村寨里的男女老少成群结队涌向山头捕鸟，举着火把，抬着竹竿，在山坡上燃起篝火，各种各样的鸟儿受火光吸引，便会成千上万飞来，着魔似的在火堆周围盘旋飞舞，甚至冲进火堆，即使人们用网捕捉，用竹竿扑打，鸟儿也不会飞走。待捕获的鸟儿成堆了，山民们就在篝火边载歌载舞庆祝丰收。尽管早在唐代，统治者就颁布了严厉的禁鸟令——《蒙化府志》载：“唐太宗贞观二十二年，有今山名凤凰，秋冬之际，百鸟夜朝，惟鸦雀不至，夷人燃火罗之，应宜厉禁”。这可能是最早出现的禁止打鸟令，然而由于鸟道雄关地理偏僻，在崇尚狩猎的年代，禁止打鸟令事实上形同虚设，每年都有上万只候鸟被捕杀。

1997年10月的云南省鸟类环志国际研讨会给这里的候鸟带来了福音，原林业部决定，云南省首家鸟类环志站——国际候鸟环志巍山站在鸟道雄关挂牌成立，每年秋天都在此开展鸟类环志活动。每天晚饭后，环志站的工作人员都要步行1 500米多的山路，到环鸟场开展捕鸟工作，直至第二天清晨8时归来。然后在环志站对头天晚上环到的候鸟进行记录，测量每只候鸟的翼展、体长和体重，还要给它们套上一个国际通用的金属环，然后放飞大自然。通过鸟类环志工作，可以了解鸟类繁殖地和越冬地之间的关系、确认鸟类迁徙路径、研究鸟类的生活史、研究鸟类的种群生态以及监测和研究疫源疫病。

环志站工作人员还经常给当地的中小学生上野生动植物保护课，不厌其烦地向群众宣传《野生动物保护法》，对周边村民进行爱鸟护鸟宣传，增强了当地居民爱鸟护鸟的意识。从1997年至今，共完成240种49 776只候鸟的环志工作，鸟类环志巍山站先后被全国鸟类环志中心评为“全国鸟类环志先进

放飞候鸟

工作站”和“全国鸟类环志先进单位”。“鸟道雄关”也被批准成为州级自然保护区，2.92 平方千米保护区内的动植物得到了更好的保护。

青山绿水生态美，古道雄关鸟欢歌。在青山绿水之间，抬眼望去，远山如黛，醒来的山岭披着薄薄的雾纱，一群群候鸟在山岭间引颈而歌一路南去，云蒸霞蔚，气象万千。